中国经济植物丛书

ZHONGGUO JIAMISHU ZHIWU JI GUANSHANG YINGYONG

中国荚蒾属植物
及观赏应用

● 主 编 李方文 刘晓莉 马 娇 曾心美

华中科技大学出版社
http://www.hustp.com
中国·武汉

内容简介

许多荚蒾属植物具有很高的观赏价值，是世界著名的观花、观果植物，一些种类在我国有悠久的栽培历史和丰富的文化内涵，是深受大众喜爱的优良观赏植物。

本书内容涉及荚蒾属植物分类及地理分布、在我国的栽培历史及文化、繁殖及栽培管理、园林引种应用等，并对64种荚蒾属植物的形态特征、分布情况进行了简要介绍，配有不同物候期的彩色图片。

本书图文并茂，具有系统性、科学性、指导性、实用性和科普性等特点。本书可供从事园林绿化、园林植物学、植物多样性保护、植物资源开发利用等科学研究和教学人员参考，也可供植物爱好者学习使用。

图书在版编目 (CIP) 数据

中国荚蒾属植物及观赏应用 / 李方文等主编. — 武汉：华中科技大学出版社，2020.10
ISBN 978-7-5680-6424-8

Ⅰ.①中… Ⅱ.①李… Ⅲ.①忍冬科－介绍 Ⅳ.① Q949.781.2

中国版本图书馆CIP数据核字(2020)第181315号

中国荚蒾属植物及观赏应用   李方文 刘晓莉 马 娇 曾心美 主编
Zhongguo Jiamishu Zhiwu ji Guanshang Yingyong

策划编辑：罗 伟   责任编辑：罗 伟 马梦雪
封面设计：刘 婷   责任校对：刘 竣
责任监印：周治超
出版发行：华中科技大学出版社（中国·武汉）   电话：(027)81321913
           武汉市东湖新技术开发区华工科技园   邮编：430223
录   排：华中科技大学惠友文印中心
印   刷：武汉市金港彩印有限公司
开   本：710mm×1000mm   1/16
印   张：13.5
字   数：211千字
版   次：2020 年 10 月第 1 版第 1 次印刷
定   价：128.00 元

序

党的十八大以来，我国将生态文明建设提到了前所未有的高度。党的十九大进一步提出了加快生态文明体制改革、建设美丽中国的总体要求和实现路径。2018年在北京召开的全国生态环境保护大会，提出了到2035年，美丽中国目标基本实现，到21世纪中叶，建成美丽中国。无疑，城乡一体化的园林绿化建设，不但是有效提升城乡环境质量、美化城乡景观、改善城乡人居环境、科学保护和持续利用植物资源的重要工作，更是国家生态文明建设和建设美丽中国的体现。高质量园林绿化建设离不开丰富多彩的园林植物资源，对我国丰富的园林植物资源的发掘利用，是支撑区域性城乡园林绿化建设的重要工作。

荚蒾属（*Viburnum*）植物全球约200种，主要分布于温带和亚热带地区，亚洲和南美洲种类较多；中国分布有全球三分之一以上的种类，南北均有分布，但主要集中分布于西南地区。许多荚蒾属植物具有很高的观赏价值，是世界著名的观花、观果植物，一些种类在我国有悠久的栽培历史和丰富的文化内涵，是深受我国人民喜爱的优良观赏植物。成都市植物园从1988年开始就致力于该属植物种质资源的收集保存与繁殖栽培，并于2018年建成了荚蒾属植物专类园，成为我国保存荚蒾属植物资源最为丰富的专类园之一，为发掘利用荚蒾属观赏植物资源、服务城乡园林绿化事业提供了保障。

为了让丰富的荚蒾属植物资源更好地服务于城乡园林绿化建设，成都市植物园根据20余年来对该属植物引种、栽培、繁殖及应用的经验，组织编写了《中国荚蒾属植物及观赏应用》一书。该书内容涉及荚蒾属植物分类及地理分布、在我国的栽培历史及文化、繁殖及栽培管理、园林引种应用等，并对64种荚蒾属植物的形态特征、分布情况进行了简要介绍，配有不同物候期的彩色图片。

《中国荚蒾属植物及观赏应用》一书图文并茂，具有系统性、科学性、指导性、实用性和科普性等特点。该书的出版不仅对专业从事园林绿化的科技人员来说有参考价值，而且对从事园林植物学、植物多样性保护、植物资源开发利用等科学研究和教学人员也是有裨益的。因而，在本书即将付印出版之际，我感到非常高兴，在此谨向本书编者表示衷心的祝贺！

中国科学院昆明植物研究所　研究员

昆明植物园　主任

国际自然保护联盟物种生存委员会　委员

前　言

荚蒾属(*Viburnum*)植物为忍冬科(Caprifoliaceae)中的一个植物类群(本书以《中国植物志》为分类依据)。全球约有 200 种,中国有 74 种。荚蒾属植物观赏性强,有的可观花,有的可赏果,有的兼而有之,有的绿树婆娑,树形优美,是优良的园林观赏植物。

我国荚蒾属植物资源丰富,但应用的种类很少,大面积推广种植的更少,目前应用最多的主要是日本珊瑚树。其实,对荚蒾属植物的栽培应用早有记载,我国特有的琼花,因"隋炀帝下扬州看琼花"的传说而声名远扬。在古诗文中也有大量关于琼花的记载,尤以唐宋为盛。其他种类如绣球荚蒾、粉团、蝴蝶荚蒾等在一些古典园林和大学校园中偶尔能见到,现代园林和绿地中很少见到荚蒾属植物的应用。

20 世纪 90 年代,在野外资源调查和引种工作中可见到漫山遍野的荚蒾属植物,它们有色泽鲜艳的花和果实,编者觉得这是一个很好的乡土园林植物资源,应该关注和研究它们。为此编者先后申请并完成了"荚蒾属植物的栽培及推广应用研究""荚蒾属植物繁殖技术及应用研究""具不孕花的荚蒾属植物种类的引种驯化及繁殖技术和应用研究"等项目。在 30 多年引种、繁育的基础上,为更好地展示、推广荚蒾属植物,成都市植物园于 2018 年建立了荚蒾属植物专类园——荚蒾园,展示的荚蒾属植物有 60 余种。在专类园建设两周年之际,在园(院)领导的关心和推动下,我们编写了本书,希望分享给关注和喜欢荚蒾属植物的同行、园林工作者和植物爱好者,希望以此推动荚蒾属植物资源在园林中的应用,并在应用中予以保护。

本书介绍了 64 种我园引种的荚蒾属植物的资源情况、分类、分布、生物学特性,在我国的栽培历史及文化、繁殖技术和栽培管理、国内引种收集现状及园林应用，并配用了大量彩色图片。

　　在对荚蒾属植物引种过程中，得到了中国科学院植物研究所、昆明植物园、北京植物园、杭州植物园、上海植物园、上海辰山植物园等单位领导及专家的大力帮助和支持。在本书的编写过程中，李策宏、黄升、孟锐、罗建勋、黄增艳、林秦文、吕文君、陈彬、冯超、高远平等提供了相关图片，周小林提供了关于荚蒾的画作，为本书增色不少，在此一并表示感谢！感谢林秦文老师对本书内容提出的宝贵意见和建议，还要特别感谢中国科学院昆明植物研究所、昆明植物园的孙卫邦老师在百忙之中为本书作序。

　　还有许多对我们的相关工作提供支持和帮助的专家和老师没有一一列出，在此一并致谢。

　　由于时间仓促，加之编者水平有限，书中难免有疏漏与不足之处，还请读者不吝指正，以便进一步完善。

编　者

目　录

第一章

荚蒾属植物
分类及分布

第一节 荚蒾属植物的分类系统位置

荚蒾属属忍冬科植物（英文版为五福花科，本书以《中国植物志》为分类基础）。

忍冬科（Caprifoliaceae）属被子植物门（Angiospermae）双子叶植物纲（Dicotyledoneae）茜草目（Rubiales），有 13 属约 500 种。忍冬科可分为荚蒾族（Viburneae Fritsch）、锦带花族（Diervilleae C. A. Mey.）、北极花族（Linnaeeae Dumortier）、接骨木族（Sambuceae H.B.K. ex DC.）、忍冬族（Lonicereae R. Br.）、莛子蔍族（Triosteae Hutch.）6 个族。荚蒾族族下为荚蒾属，该属的植物，子房 1 室，花柱粗短，柱头头状或浅（2）3 裂；胚珠 1 颗，自子房顶端下垂。果实为核果，圆形或卵圆形，冠以宿存的花柱与萼齿；核扁平，较少圆形，骨质，有背、腹沟或无沟，内含 1 颗种子；胚直，胚乳坚实，硬肉质或嚼烂状。

第二节　荚蒾属植物的分类

《中国植物志》将荚蒾属植物分为 9 个组，分别为大叶组、齿叶组、裂叶组、侧花组、蝶花组、合轴组、圆锥组、球核组、裸芽组，每个组内有许多种。

（1）大叶组 Sect. Megalotinus (Maxim.) Rehd.　冬芽具 1 对鳞片，很少裸露。叶大多常绿，侧脉近缘时互相网结；通常无托叶。聚伞花序复伞形式，很少为由数层伞形花序组成的尖塔形圆锥花序，顶生；花冠白色，辐状，很少钟状。果实红色或后转黑色；核扁，具 1～3 条腹沟和 2 条背沟；胚乳坚实，稀嚼烂状。本组我国有 7 种和 2 变种，包括水红木、三叶荚蒾、锥序荚蒾等。

（2）齿叶组 Sect. Odontotinus Rehd.　植物体被簇状毛或无毛；幼枝圆柱形或有时四角状。冬芽有 2 对鳞片。叶临冬凋落，稀常绿，边缘常有锯齿或牙齿，极少浅裂或掌状 3～5 裂，侧脉直达齿端，极少近缘时互相网结，最下一对有时作离基 3 出脉或 3 出脉状，极少具掌状 3～5 脉。聚伞花序复伞形式，顶生或生于具 1 对叶的侧生短枝之顶；花冠白色，很少粉红色。果实红色，极少黑色；核扁，有 (1)3 条腹沟及 (1)2 条浅背沟；有时背、腹沟均退化，或背面凸起，腹面凹陷。本组我国有 23 种（1 亚种）和 10 变种，包括甘肃荚蒾、宜昌荚蒾、桦叶荚蒾等。

（3）裂叶组 Sect. Opulus DC.　落叶灌木，无毛或被简单柔毛或簇状短毛。冬芽有 1～2 对合生鳞片。叶纸质，掌状 3～5 裂，有时 2 或 4 裂，具掌状 3～5 脉，基部或叶柄顶端有 2～4 枚腺体；托叶 2 枚，钻形。聚伞花序复伞形式，顶生或生于具 1 对叶的短枝之顶，边缘有大型的不孕花或无；花冠白色；花药紫红色或黄白色。果实红色，核扁，有 1 条宽广腹沟和 2 条浅背沟或无沟。本组我国产 2 种（1 变种）和 1 变型，包括朝鲜荚蒾、欧洲荚蒾等。它们均具很高的观赏价值。

（4）侧花组 Sect. Platyphylla Hsu　落叶灌木。冬芽有 1 对鳞片。叶具牙齿状锯齿，侧脉全部或部分直达齿端；托叶不存。聚伞花序伞形或复伞形式，生于具 1 对叶的侧生短枝之顶；花冠辐状。果实红色，核具 1 条浅背沟和 2 条浅腹沟；胚乳坚实。本组我国有广叶荚蒾与侧花荚蒾 2 种。

（5）蝶花组 Sect. Pseudopulus (Dipp.) Rehd.　落叶灌木，被簇状毛。冬芽有 1 对鳞片。叶有锯齿或牙齿，侧脉伸至齿端。聚伞花序伞形或复伞形式，生于具 1 对叶的侧生短枝之顶，有大型不孕花。果实成熟时红色或后转黑色；核扁，腹面有 1 条上宽下窄的沟，沟上端及背面下半部中央各有 1 条明显隆起的脊；胚乳坚实。本组我国有 2 种和 1 变种，包括蝶花荚蒾与粉团。该组植物的花具有很高的观赏价值，均可作为优良的庭院绿化树种。

（6）合轴组 Sect. Pseudotinus C. B. Clarke　植物体被鳞片状簇状毛。冬芽裸露。叶纸质，临冬凋落，边缘有锯齿，侧脉直达齿端。聚伞花序伞形或复伞形式，顶生，平顶，无总花梗，有大型的不孕边花或不具；萼筒无毛；花冠辐状；雄蕊长约为花冠之半。果实紫红色或先红色后转黑色；核有 1 条深腹沟和 1 条浅背沟；胚乳深嚼烂状。本组我国有合轴荚蒾与显脉荚蒾 2 种。

（7）圆锥组 Sect. Thyrsosma (Rafin.) Rehd.　冬芽有 1 对（极少 2 ～ 3 对）鳞片。叶具羽状脉，无托叶。聚伞花序圆锥式，很少因序轴缩短而呈伞房式或复伞房式，极少紧缩成近簇状，顶生或生于具 1 对叶的短枝之顶。花冠漏斗形、高脚碟形、筒状钟形或辐状；雄蕊着生于花冠筒顶端，花药紫色或黄白色。果实紫红色或后转黑色；核通常浑圆或稍扁，具 1 条上宽下窄的深腹沟；胚乳坚实或嚼烂状。本组我国有 19 种（1 亚种）和 11 变种。本组荚蒾中有特产四川峨眉山的峨眉荚蒾、北方有名的香荚蒾、园林中应用广泛的日本珊瑚树等。

（8）球核组 Sect. Tinus (Borkh.) Maxim.　植物体无毛或薄被簇状毛。冬芽有 1 对鳞片。叶常绿，革质，无毛或近无毛，全缘或有锯齿或牙齿，具离基 3 出脉、3 出脉或羽状脉，侧脉近缘前互相网结；无托叶。聚伞花序复伞形式，顶生；花冠辐状。果实蓝黑色或由蓝色转为黑色；核圆形、卵圆形或椭圆形，有 1 条极狭细的线形浅腹沟或无沟；胚乳嚼烂状。本组我国产 5 种（1 亚种）和 1 变种。

该组荚蒾主要有樟叶荚蒾、川西荚蒾、球核荚蒾等。

（9）裸芽组 Sect. Viburnum　植物体被由簇状毛组成的绒毛。冬芽裸露。叶全缘或具小齿；托叶不存在。聚伞花序伞形或复伞形式，顶生；花冠白色或有时外面淡红色，辐状、筒状钟形或钟状漏斗形；花药黄色。果实黄红色后转黑色；核扁，有 2 条背沟和 3 条（很少只有 1 条）腹沟；胚乳坚实。本组我国有 12 种（3 亚种）和 1 变型。该组荚蒾中多数种类具有很高的观赏性，如绣球荚蒾、皱叶荚蒾、金佛山荚蒾等。

第三节 荚蒾属植物的分布

全世界约有 200 种荚蒾属植物，垂直分布在海拔 100 ～ 4500 米之间，主要分布于温带和亚热带地区，以欧洲、亚洲、北美洲、南美洲西北部和中美洲种类较为丰富，亚洲以中国分布最为广泛，其次为日本和马来群岛。荚蒾属中有超过一半的种类分布于亚洲，我国是荚蒾属植物亚洲分布中心，也是世界上荚蒾属植物分布最多的国家。

我国荚蒾属植物各省均有分布，以西南为分布中心，主要分布在温暖湿润的中高山地区。据《中国植物志》统计，西南部的云南、贵州、四川分布最多，中部地区湖北、湖南其次，越到北方种类越少。其中荚蒾、琼花、茶荚蒾、球核荚蒾、合轴荚蒾分布最广，在浙江、安徽、福建、江西、湖北、湖南、广东、广西等地区均有分布。

第二章

荚蒾属植物在我国的栽培历史及文化

第一节 荚蒾属植物的栽培历史

园林植物是园艺爱好者们不断挖掘山野中众多植物特有的观赏价值，通过驯化或改良，从野外引进庭院，然后逐步推广应用而来的。本章节主要通过有记载的古诗义及古代文豪、诗人们对荚蒾属植物独有的美的记录和咏叹来介绍荚蒾属植物的栽培历史。

荚蒾属植物之美，美在其树形优美，花、叶形态多样。荚蒾属植物的花为聚伞花序，花型整齐，本属中存在着功能不同的两种花：一种为完全花，也称为可孕花，这类花具备花完整的形态特征，最终可授粉结实；另一种为不完全花，这类花没有雌、雄蕊，不能授粉结实，所以也称为不孕花。前者花小，花冠白色，较少淡红色，后者具有大型的白色花瓣。荚蒾属中大部分植物的花序都由可孕花组成，如珊瑚树、金佛山荚蒾等；小部分植物由不孕花在可孕花外围成一圈，如琼花、蝴蝶荚蒾等；有的则全部由大型不孕花组成，如绣球荚蒾、粉团等。荚蒾属的果实也具有很高的观赏性，果实颜色多变，有红色、红黑色、黄色、蓝色和黑色等。因此，荚蒾属植物是一类既可观赏花，又可观赏果的优良园林植物。

可孕花（金佛山荚蒾）

可孕花和不孕花（琼花）

完全不孕花（绣球荚蒾）

　　我国荚蒾属植物资源丰富，但在古代诗文中有记载的几乎都是具不孕花的种类，如琼花、粉团、绣球荚蒾、欧洲荚蒾、蝴蝶荚蒾等。荚蒾属植物在我国具有悠久的栽培历史。追溯其栽培历史，那必须提及扬州市市花 —— 琼花，它是荚蒾属中历史记载最多的物种。

　　琼花为我国特有树种，因"隋炀帝下扬州看琼花"的传说而声名远扬。与其关系紧密而久远的是扬州琼花观。琼花观原名后土祠，又称后土庙，始建于汉成帝元延二年，古时称大地为后土，后土祠便是供奉主管大地万物生长的女神后土夫人的祀祠。后来，因祠中出现了一株琼花，树大花繁，洁白可爱，相传天下无双，人们便称后土祠为琼花观。千百年来琼花以其清雅独特的风姿，吸引着许多文人墨客前来赏花题咏。宋代诗人、散文大家王禹偁，一日见祠内生长着一株奇丽的花卉，大为惊叹，诗兴大发，写下《后土庙琼花诗》，诗序云：扬州后土庙有花一株，洁白可爱，且其树大而花繁，不知实何木也，俗谓之琼花。因赋诗以状其态。诗云："谁移琪树下仙乡，二月轻冰八月霜。若使寿阳公主在，自当羞见落梅妆。"王禹偁一直被视为首位为扬州琼花写诗咏唱的人，其后，歌咏琼花的诗篇不计其数，扬州琼花随之扬名天下，世人也因此以为琼花最早出现在宋朝。不过，经查阅资料，有关诗词方面的记载可以追溯到唐朝，王禹偁也不再是描写琼花的第一人。

唐朝的大诗人杜牧就有一首吟咏琼花的诗：

> 气韵偏高洁，尘氛敢混淆。
> 盈盈珠蕊簇，袅袅玉枝交。
> 天巧无双朵，风香破九苞。
> 爱看归尚早，新月隐花梢。

杜牧诗中描述琼花的神采和风度是高洁的、超凡脱俗的，一般的俗花凡卉实不可与之相提并论。"盈盈""袅袅"写出了琼花婀娜多姿的神态，美丽的琼花婷婷立于枝头，馥郁芬芳；天下无双的琼花让诗人流连忘返，直到新月初升仍不舍得离去，可见诗人对琼花的喜爱之情。此外，李邕、来济、李绅、杜悰等人也写过琼花，他们或明言写的是后土祠的花，或形容此花天下无双，或把琼花当成玉蕊来咏唱。

北宋文学家欧阳修担任扬州太守时，对琼花更是情有独钟，他特地下令在琼花旁建了一座"无双亭"，寓意此花天下无双。欧阳修常邀诗朋文友在无双亭下赏花、饮酒、赋诗。欧阳修有诗云："琼花芍药世无伦，偶不题诗便怨人。曾向无双亭下醉，自知不负广陵春。"其作《琼花》诗："天下侍女号飞琼，不识何年谪广陵。九朵仙风香粉腻，一团花貌玉脂凝。名闻琳馆无双心，心在瑶台第几层？肯使落英沾下土，飘飘应是学飞升。"欧阳修的这首《琼花》诗，将琼花比作下凡的飞琼仙子，但却不知仙子何时来到广陵。诗人用仙子比琼花，赋予了琼花神秘感，突显了琼花高贵典雅的仙人气韵。北宋诗人韩琦在其诗中更是对琼花表达了极高的赞赏，写道"维扬一株花，四海无同类。年年后土祠，独比琼瑶贵。"韩琦将琼花置诸四海，琼花丽质天生，以其清幽绝伦在万花丛中独领风骚；又语"扶疏翠盖圆，散乱真珠缀"，描写了琼花树大花繁，花色莹润如珠的外貌特色；再叹"不从众格繁，自守幽姿粹。尝闻好事家，欲移京毂地。既违孤洁情，终误栽培意"，以琼花曾两次移植他地均失败的例子以示琼花高洁清幽不与世俗同流的可贵品质。北宋学者刘敞也有诗云："东风万木竞纷华，天下无双独此花。那有灵霙（yīng）凌暖日，不为琪树隔流沙。"

宋朝赵炎有《吊琼花》："名擅无双气色雄，忍将一死报东风。他年我若修花史，合传琼妃烈女中。"诗人将琼花荣枯之事写入诗中，琼花在这里被寄寓了深厚的民族感情，已然成为以身殉难、死得其所的忠诚烈女的人格代表。宋朝的张问在《琼花赋》中描述它是"俪靓容于茉莉，笑玫瑰于尘凡，惟水仙可并其幽闲，而江梅似同其清淑"。的确，琼花以它淡雅的风姿和独特的风韵，更有关于琼花的种种富有传奇浪漫色彩的传说和迷人的逸闻逸事，博得了世人的厚爱和文人墨客的不绝赞赏，被称为稀世的奇花异卉和"中国独特的仙花"。

民间时有将琼花与玉蕊、聚八仙等花卉相混淆的情况发生。为此，南宋郑域特作一诗以示这几种花的区别："维扬后土庙琼花，安业唐昌宫玉蕊。判然二物本不同，唤作一般良未是。琼花雪白轻压枝，大率形模八仙耳……后生不识天上花，又把山矾轻比拟。"玉蕊、聚八仙、山矾花形酷似琼花，但实际上迥然不同。南宋郑兴裔在其《琼花辨》中更是列出了琼花与聚八仙的三处不同："琼花大而瓣厚，其色淡黄，聚八仙花小而瓣薄，其色微青，不同者一也。琼花叶柔而莹泽，聚八仙叶粗而有芒，不同者二也。琼花蕊与花平，不结子而香，聚八仙蕊低于花，结子而不香，不同者三也。"郑兴裔从花形、花色、叶片、花蕊及是否结子等角度详细区分了琼花与聚八仙。玉蕊花和山矾花也只是外形上略微和琼花相似，但因当时的琼花只有一株，没有见过琼花的人就把玉蕊花和山矾花误认为是琼花，实际上两花和琼花还是有很大区别的。由此看来，南宋郑域、郑兴裔两位古人不仅是擅诗词歌赋，文采出众，也是当时的植物分类学家啊！

　　南宋时还有关于琼花栽培管护的记载，据周密《齐东野语》记载："扬州后土祠琼花，天下无二本，绝类聚八仙，色微黄而有香。仁宗庆历中，尝分植禁苑，明年辄枯，遂复栽还祠中，敷荣如故。淳熙中，寿皇亦尝移植南内，逾年，憔悴无花，仍送还之。其后，宦者陈源命园丁取孙枝移接聚八仙根上，遂活，然其香色则大减矣，杭之褚家塘琼花园是也。今后土之花已薪，而人间所有者，特当时接本，仿佛似之耳。"文中记载，两次移植均以失败告终，以此说明琼花非扬州则不能成活；琼花险些因移栽而枯萎，世人便将琼花嫁接到与其花形接近的聚八仙树根上才使琼花幸免于难，可是琼花的香味和色泽已大不如从前。又传南宋高宗绍兴三十一年十一月，金主完颜亮率大军渡过淮河，意图侵宋，在到达扬州后下令将琼花"揭花本去，其小者剪而弃之"，琼花被连根拔起，危在旦夕。同年十二月，出逃的道士归来，见被毁的琼花旁有一个小树根裸露在地面，遂大喜，夜以继日地看护。在道士的细心照料下，次年二月十五日晚，一场暴雨后，原先的树根上长出了三棵小树苗，此后琼花长势迅猛，重现了当年树大如盖的繁花盛貌。

　　元朝杨鹤年也赞美过琼花的仙质芳姿，他在诗中说："香蟠九瓣白于云，想见琼花可是君。艳质世间还再有，芳名天下共曾闻。玉皇殿上娇春晓，太乙宫中惜夜分。莫怪人家移不得，仙凡从古不同群。"杨鹤年先是对琼花的美夸赞一番，接着描述了琼花仙子在仙界的生活——"玉皇殿上娇春晓，太乙宫中惜夜分"，赋予琼花本是仙物，绝不肯与凡俗混于一处的传奇色彩，以仙凡有别来解释琼花移不得的原因。

　　此外有关琼花的专著还有明代杨端的《琼花谱》、曹璿的《琼花集》，清代俞樾的《琼英小录》，宋代花谱名录中周必大的《玉蕊辨证》。

　　关于琼花的栽培史始于何时，专家们有着不同的见解。南北朝时有诗《玉树后庭花》，明代杨慎《丹铅录》认为，这指的就是扬州琼花。舒迎澜通过考究历史资料，推测扬州人民在两千年前从事植物引种时，其中可能含有琼花，同时明代扬州儒官马骈收录的《大业遗事》一书中记载的隋炀帝看花之说，结合民间传闻，隋炀帝看琼花的事情当属可信，因而开始引种琼花的年代应该是在隋朝以前。但张春秀等人认为隋炀帝看琼花的事情未必为真,推断琼花栽培始于唐代,兴盛于宋代。

有关荚蒾属植物的园林应用历史,周武忠在《中国花文化史》中园林花卉应用一章中有所提及,从园林描述中追踪到了琼花、粉团的踪迹。

其一是宋代李格非在《洛阳名园记•李氏仁丰园》中记载道:"李卫公有平泉花木,记百余种耳,今洛阳良工巧匠,批红判白,接以它木,与造化争妙,故岁岁益奇,且广桃李、梅杏、莲菊各数十种,牡丹、芍药至百余种。而又远方奇卉,如紫兰、茉莉、琼花、山茶之俦,号为难植独植之洛阳,辄与其土产无异"。此记中的琼花在当时的洛阳本地看来并不多见,称"远方奇卉"。

其二是宋代洪适的《盘洲集》按花色记载了花木种类:"白有海桐、玉茗、素馨、文官、大笑、茉莉、水栀、山矾、聚仙、安榴、衮绣之球"。此外洪适在《盘洲杂韵上 衮绣球》中描述有"流苏团小蝶,伯仲聚仙花。衮绣名非是,瑶琨未足夸。"这里的衮绣之球,在词中所指明确,也就是聚仙花,即琼花的另一代名词。

除琼花外,还可追溯到荚蒾属植物栽培信息的就是绣球荚蒾或粉团。我国古人常分不清忍冬科荚蒾属植物和虎耳草科绣球属植物,虽然有学者认为古时绣球是如今的琼花原植物(绣球荚蒾, *V. macrocephalum* Fort.),但由于古时琼花栽培量少、绣球栽培量大,琼花原植物不可能是绣球原植物,经过反复考证,祁振声确认《群芳谱》《广群芳谱》《植物名实图考》《全芳备祖》和《武林旧事》中的绣球,是如今忍冬科植物粉团(雪球荚蒾 *V. plicatum* Thunb.),《花镜》和《植物名实图考》中记载的粉团则是虎耳草科植物绣球(*Hydrangea macrophylla* (Thunb.) Ser.)。

绣球(雪球荚蒾)的历史记载始见于宋,北宋时杨巽斋有《玉绣球》《滚绣球》诗二首称颂绣球。其一曰:"琢玉英标不染尘,光涵月影愈清新。青皇宴罢呈余技,抛向东风展转频。"南宋陈景沂的《全芳备祖》收录了这两首诗。北宋朱长文亦有《玉蝶球》诗,云:"玉蝶交加翅羽柔,八仙琼萼并含羞。春残应恨无花采,翠碧枝头戏作球。"关于绣球花的栽培还见于南宋周必大的《玉堂杂记》,称"东窗阁下，瘗小池久无雨则涸，傍植金沙月桂之属，又有海棠、郁李、玉绣球各一株"。周密的《武林旧事》亦记：禁中赏花非一，钟美堂花为极盛。堂前三面，皆以花石为台三层，台后分植玉绣球数百株，俨如镂玉屏。可见宋时粉团栽培已盛。

由唐至今，赞颂琼花的诗词不胜枚举。历代文人创作了大量关于琼花的诗、词、曲、赋，为这种神奇之花赋予了众多的寓意和色彩。

此外关于荚蒾属植物的画作也是不胜枚举，清初著名书画家恽寿平的画作中，就有这么一枝绣球，以画中的绣球的形态（花冠 4～5 全裂，平展），可推测画中的花是忍冬科荚蒾属的绣球荚蒾或粉团；再根据二者的聚伞花序大小的差别及其与叶大小的比例，笔者大胆推测，此画中的绣球花是绣球荚蒾。

清·恽寿平画作——绣球

　　四大名著《红楼梦》喜用花名对应人物，书中人与花一一对应，清代《石头记评花》一书中，贾政门生通判傅试之妹傅秋芳，便与琼花对应，其花语为：只许心儿空想。书中第二十六回"王夫人复作消寒会 贾探春重征咏雪诗"中，大观园内众姐妹一起创作咏雪诗，傅秋芳作了一首《煮雪》："只疑天女散琼花，飞满卢仝处士家。料得不须劳出汲，好炊玉液旋烹茶。"

　　从这些书籍画作的记载中可看出，荚蒾属植物的栽培至少始于唐代，而到了宋代时期，琼花在扬州等地的园林景观中应用已较为普遍，同时也出现了粉团、绣球荚蒾的收录，因此也可以推测那时的园林常用荚蒾属植物且其繁殖技术也比较成熟，以至于在后期的园林杂记、文学创作、文人画作中频频出现。

第二节　荚蒾属植物文化渊源

　　每年的春末夏初之际，百花争艳过后，那垂挂枝头或青或白的花团默然绽放，这不同于桃李梅之芬芳艳丽的清秀美，总会在春暖意已足的时候，让人提前感知到夏日将至的清爽。这样美、这样独特的花儿放至古时，怎能不让文采非凡、多愁善感的诗词大家心生怜爱，为它们挥笔泼墨，在诗词画作中留下荚蒾属植物美丽的身影，或是高洁典雅，或是清新可爱，让如今的我们在驻足欣赏美的时候，也能切身体会到千百年前文人大家对此花的喜爱和惊叹。故摘选部分关于荚蒾属植物的诗词画作，以供欣赏。

一、诗词

　　（1）"气韵偏高洁，尘氛敢混淆。盈盈珠蕊簇，袅袅玉枝交。天巧无双朵，风香破九苞。爱看归尚早，新月隐花梢。"——唐·杜牧·《琼花》

　　（2）"弄玉轻盈，飞琼淡泞，袜尘步下迷楼。试新妆才了，炷沉水香球。记晓剪、春冰驰送，金瓶露湿，缇骑星流。甚天中月色，被风吹梦南州。樽前相见，似羞人、踪迹萍浮。问弄雪飘枝，无双亭上，何日重游？我欲缠腰骑鹤，烟霄远、旧事悠悠。但凭阑无语，烟花三月春愁。"——宋·郑觉斋·《扬州慢·琼花》

　　（3）"俪靓容于茉莉，笑玫瑰于尘凡。惟水仙可并其幽闲，而江梅似同其清淑。"——宋·张问·《琼花赋》

　　（4）"琼花芍药世无伦，偶不题诗便怨人。曾向无双亭下醉，自知不负广陵春。"——宋·欧阳修·《答许发运见寄》

　　（5）"维扬一株花，四海无同类。"——宋·韩琦·《后土庙琼花》

　　（6）"东风万木竞纷华，天下无双独此花。"——宋·刘敞·《无双亭

观琼花赠圣民》

（7）"侍宴黄昏晓未休，玉阶夜色月如流。朝来自觉承恩最，笑倩傍人认绣球。堪恨隋家几帝王，舞裀揉尽绣鸳鸯。如今重到抛球处，不是金炉旧日香。" —— 唐·李谨言·《水殿抛球曲二首》

（8）"舞姬初试薄罗衣，趁蝶随蜂玩午晖。各折一枝入深院，欢声赢得绣球归。" —— 元·方回·《衮绣球花》

（9）"今年丹荔逐南风，独有名花发旧丛。似恨庭前绛囊少，殷勤来献绣球红。" —宋·陈宓·《山丹五本盛开》

（10）"名擅无双气色雄，忍将一死报东风。他年我若修花史，合传琼妃烈女中。" —— 宋·赵炎·《吊琼花》

（11）"月桂闹装红欲滴，绣球圆簇白如霜。我无艳眼相酬答，付与庭花自在黄。" —— 宋·钱时·《瓶插月桂裒衮绣球甚丽》

（12）"琢玉英标不染尘，光涵月影愈清新。青皇宴罢呈余技，抛向东风展转频。" —— 宋·杨巽斋·《滚绣球》

（13）"玉蝶交加翅羽柔，八仙琼萼并含羞。春残应恨无花采，翠碧枝头戏作球。" —— 宋·朱长文·《玉蝶球》

（14）"绣球春晚欲生寒，满树玲珑雪未干。落遍杨花浑不觉，飞来蝴蝶忽成团。钗头懒戴应嫌重，手里闲抛却好看。天女夜凉乘月到，羽车偷驻碧阑干。" —— 元·张昱·《绣球花次兀颜廉使韵》

（15）东风何处擅浓华，只有扬州第一花。天上群仙肤似雪，绿云深拥七香车。——元·周权·《后土祠琼花》

（16）蕃釐观里琼花树，天地中间第一花。此种从何探原委，春风无处著繁华。千须簇蝶围清馥，九萼联珠异众葩。几见朱衣和露剪，金瓶先进帝王家。——宋·王月浦·《琼花》

二、画作

1.《琼花真珠鸡图》——宋·韩佑

2.《绣球花》——清·恽寿平

3.《绣球荚蒾图》——清·马佳同

4.《扬州琼花图》——现代·李圣和

5.《琼花聚仙》——现代·喻继高

第三节　荚蒾属植物的功用

一、园林观赏及生态价值

荚蒾属植物以丛生灌木为主，也有的呈小乔木状，还有的枝条具蔓性特点。该属植物有不同的株高、株型、花形和果序，观赏类型非常丰富。其枝条、树冠美观多变；叶色层次丰富，新叶为青铜色、红色、黄色等，落叶种类有黄有红；叶型变化大，叶脉形态也变化多样，有的光亮，有的掌状分裂；花以白色为主，也有绿色、粉红色，或者由绿色逐渐变为白色，春季开花时繁花似锦，观赏效果佳；从初春到深秋，都有不同的种类开花，花期较长；果有黄色、紫色、黑色，或者由绿色变为红色，非常具有观赏性。在生态园林建设中，根据荚蒾属植物姿态多样、季相变化明显的特点合理利用。荚蒾属植物极具生态价值，受到世界园艺界的青睐，被誉为"万能"绿化灌木。

荚蒾属植物在园林绿化与造景中可以应用于景观上、中、下层，丰富景观效果的同时也增加了绿地的生态效能。有的种类耐干旱、耐贫瘠，可在条件不好的生境中种植，改善生态条件。

二、药用和保健功效

1.药用功效

荚蒾属植物也是重要的中药植物，药用价值极高，其中很多植物的临床应用始载于《新修本草》。其根、茎、叶以及成熟果实可以入药，具有清热解毒、祛风除湿、健脾消食、驱虫、强身、抗衰老等作用。功效主治：通经活络、活血消肿、祛风杀虫。《吉林中草药》言其"通经活络、止血、镇痛、止咳。治腰酸腿痛、跌打损伤"。《东北常用中草药手册》言其"甘、苦、平。消肿、止痛、杀虫"。有的荚蒾属植物在小儿食疗与保健、小儿发育不良、老年病防治、妇科疾病、镇咳祛痰等方面都有较好的治疗作用。鸡树条的果实含有绿原酸、异绿原酸，可以治疗慢性支气管炎。鸡树条具有清除自由基，降低膜脂质过氧化发生的作用，可有效延缓衰老和防治痴呆。

从本草文献记载和民间草药使用情况来看，荚蒾属植物是一类具有开发前景的食疗保健药物。据统计，具有一定药效的荚蒾属植物共计 43 种：荚蒾、毛枝坚荚蒾、合轴荚蒾、湖北荚蒾、巴东荚蒾、皱叶荚蒾、烟管荚蒾、伞房荚蒾、紫药红荚蒾、少毛鸡树条、三叶荚蒾、球花荚蒾、陕西荚蒾、蒙古荚蒾、红荚蒾、海南荚蒾、长叶荚蒾、云南荚蒾、台东荚蒾、琼花、心叶荚蒾、水红木、臭荚蒾、珍珠荚蒾、宜昌荚蒾、绣球荚蒾、卵叶荚蒾、蝴蝶荚蒾、兴山荚蒾、鸡树条、茶荚蒾、南方荚蒾、欧洲荚蒾、吕宋荚蒾、桦叶荚蒾、尖果荚蒾、金佛山荚蒾、直角荚蒾、毛叶荚蒾、点叶荚蒾等。若按我国原产荚蒾为 74 种计，有超过 50% 的种类可入药。

2. 保健功效

鸡树条具备了水果的特点，其果实出汁率高达 65%，总糖和还原糖含量较高，分别为 4.82% 和 3.84%，其果实不仅富含维生素，还含有 16 种氨基酸。琼花果实含有丰富的维生素 C，其含量是苹果的 27 倍，是柑橘的 28 倍，这是大部分水果无法与之相比的。琼花的果实还含有花青素，成熟时呈紫黑色，这种花青素对生物细胞的衰老具有明显的抗性，可以有效地保持细胞的年轻化，可作为抗氧化剂与食品添加剂。

果酒与传统粮食酿酒相比，果酒具有香味怡人、口感良好、色泽鲜艳等优点，而且富含多种维生素与氨基酸，具有很好的保健功能。适量饮用果酒对心血管疾病和衰老引起的脑机能退化有良好的保健作用。果酒还能护理心脏、调节女性情绪。近年来，国家也将果酒作为酒类发展的重点来发展，果酒酿造业前景十分可期。刘爱群等对云南荚蒾的种类、分布、果实成分、价值和加工利用做了系统的介绍，他们还选用新鲜无病害的荚蒾果实，经过压榨、灭菌、调配、装罐密封和检验等步骤生产出荚蒾饮料，再经过一定的发酵工艺后生产出具有独特风味的 12 度荚蒾酒。由此看出，荚蒾有着很广阔的开发前景。

天然色素来自动植物组织，一般来说安全性较高，有的天然色素本身也是一种营养素，有些还具有一定的药理作用，所以食用天然色素的开发利用受到了广泛关注。在食品工业中，色素的应用与食品的色泽、感官紧密相关。相关学者以南方荚蒾为原料，应用 YC 有机提取剂提取果实中的红色素，并将其作为食品或日化用品添加剂。通过分析吕宋荚蒾果红色素的提取条件、花色素苷含量及其理化性质，结果表明：其色素属水溶性花色素苷类，适于用作天然食用色素。也有研究发现茶荚蒾色素具有良好的耐酸、耐热、耐光、耐氧化等特性。

三、环保功能

荚蒾不仅是优良的观赏花木，有的种类表皮还具表皮毛、黏液、油脂等，可吸附粉尘、有毒气体，富集有害物质。部分种类还对砷、铅、镉、铬等重金属具有很强的富集能力，有的具有较高的抗性和吸收、积累污染物的能力。该属植物对大气污染有一定的净化作用，且具有调节气候、降噪、防尘等效果，在城市绿化及环境保护中发挥着重要作用。

四、其他作用

荚蒾属植物的茎皮纤维可造绳、造纸，种子可以榨油，开发前景十分广阔。

第三章

繁殖及栽培管理

第一节　荚蒾属植物的生物学特性

一、形态特征

1. 植株

荚蒾属不仅种类众多，而且观赏性多样。该属植物以灌木种类为主，既有几米高的高大灌木，也有仅几十厘米高的矮小灌木，更有高达 15 米的乔木，常绿到落叶均有，春夏可观花，秋冬可观果，观赏价值高，园林应用前景广泛。根据荚蒾属植物生活型的变化，可将其分为两种类型：乔木型和灌木型。

2. 茎

常被簇状毛，茎干有皮孔；冬芽裸露或有鳞片。

3. 叶

根据叶片不同的观赏特征，相关学者将荚蒾属观叶类植物分为常绿叶类、常色叶类、秋色叶类和新叶色叶类 4 种类型。

（1）常绿叶类　大部分常绿叶类荚蒾的叶片均具有一定的观赏价值，尤其是那些叶片表面具有特殊纹理、明显光泽或金属色泽的种类。如川西荚蒾叶表深绿，因小脉深凹陷而呈明显的皱纹状；珊瑚树和法国冬青叶片表面光泽感强；台东荚蒾叶片表面具金属光泽。

（2）常色叶类　有些荚蒾属植物的叶片常年均呈非绿色的单一色调，统称为常色叶植物。如皱叶荚蒾的叶片常年为黄褐色。

（3）秋色叶类　秋季叶片发生明显色彩变化的荚蒾属植物均称为秋色叶

类。荚蒾属中具有秋色叶的种类十分丰富。宜昌荚蒾叶片秋季呈现深红色；鸡树条叶片秋季变为橙黄色；荚蒾的叶片秋季呈现紫红色、黄色或橙红色；珍珠荚蒾、桦叶荚蒾的叶片秋季变为橙黄色或红色。

（4）新叶色叶类　在生长季节萌发出的新叶有显著不同叶色的称为新叶色叶类。如珊瑚树春季新发出的新叶为淡黄色至橙黄色；狭叶球核荚蒾和短序荚蒾的新叶为红色至红绿色；蝴蝶戏珠花在阳光充足的位置，新叶呈现橙红色至红色。

此外，在园林应用过程中，还培育出一些具有特殊观赏价值的园艺品种，这些品种的正常叶片上具有除绿色外的其他颜色的斑点、斑块或花纹。如 *V. awabuki* 'Variegata' 叶片上具有不规则的奶白色和绿色斑块；*V. ×carlcephalum* 的叶片上呈现由金黄色、奶油色和绿色组成的不规则斑块和斑点；*V. lantana* 'Variegatum' 的叶片由绿色和不同深浅的黄色斑驳相间；*V. tinus* 'Bewley's Variegated' 叶片外围为奶黄色至嫩绿色。

4. 花

（1）花序全部为不孕花　绣球荚蒾和粉团的花序全部由白色大型不孕花组成，花序硕大，花朵初开时绿色至浅绿色，慢慢变为白色，白色的不孕花聚成一个个花球，犹如一团团雪球，因此两者又名"木绣球"或"雪球荚蒾"。绣球荚蒾适应性极强，北至北京、南至云南均有栽培，是目前国内应用较为普遍的公园与庭院绿化灌木；粉团耐寒性稍差，多用于南方庭院绿化。

（2）花序周围具大型不孕边花　琼花、蝴蝶戏珠花、欧洲荚蒾、鸡树条和合轴荚蒾的花序周围具有白色大型不孕边花，远眺酷似群蝶，是观赏价值极高的观花类灌木。相关种类在园林绿化中均有应用。琼花作为扬州市的市花，在我国南方庭院和公园绿地应用较多；蝴蝶戏珠花亦是公园绿化花灌木选择的优良植物资源之一；欧洲荚蒾和鸡树条是我国北方城市难得的耐寒类观花灌木。

（3）花朵粉色或淡红色　大花荚蒾、红蕾荚蒾、香荚蒾和台东荚蒾的花朵带有粉色或淡红色，其花期早、花量大、花紧凑，是荚蒾属植物中少有的具彩色的观花种类，也是常用的红花类荚蒾品种的育种材料。

此外，有些荚蒾属植物虽然无大型不孕花，但是单个花序上花量非常大，排列紧凑，外观呈现半球形或球形，同样具有较高的观花价值。其中最具代表性的为烟管荚蒾和红蕾荚蒾的杂交品种 *V. ×burkwoodii*，以及红蕾荚蒾和琼花的杂交品种 *V. ×carlcephalum*，这些品种都是目前保存下来的比较经典的品种。

5. 果实与种子

（1）红果类　这种类型的荚蒾属植物果实有的始终为红色，并且挂果时间长，常可持续至冬季，霜冻后的果实在阳光照射下晶莹剔透，此类典型代表有鸡树条与欧洲荚蒾。有的果实开始为红色，且红色期长，成熟后变为黑色，常见的有皱叶荚蒾、琼花、蝴蝶戏珠花和日本珊瑚树等。

（2）蓝果类　这种类型的荚蒾属植物果实开始为蓝色或蓝紫色，且颜色持续时间长，该段时间相关种类观赏价值极高，成熟后果实变为蓝黑色、紫黑色或者黑色，随后即脱落。其中应用较多的有地中海荚蒾、球核荚蒾和川西荚蒾。

（3）黄果类　这种类型的荚蒾属植物果实在某个时间段为黄色，晶莹透亮，如茶荚蒾等。

二、生态习性

植物在适应环境的过程中，塑造出生态适应性的差别，形成了自己固有的适应属性。荚蒾属植物资源分布较广，多数种类喜光也较耐阴，喜温暖湿润气候，但也耐寒，在干旱气候条件下生长发育良好，在微酸性及中性土壤中都能生长。经人工栽植驯化后，其生长势、耐寒力、遮阴能力、耐水力、耐高温能力均有所增强，且病虫害较少。

1. 温度

荚蒾属植物为温带、亚热带植物，生长适温为 20～28 摄氏度。大多数植物有耐寒的特性，在－10摄氏度以上时一般只发生轻度、中度冻害，即嫩叶、顶芽的受冻，而低于－10摄氏度时也仅仅发生一般枝、叶的冻害，很少有严重的冻害发生。总体上，落叶种类耐寒性较强，常绿种类主要分布在南方。珊瑚树经过驯化，在西安也能露地越冬。

2. 湿度

许多荚蒾属植物种类都喜生长在湿润之地，如茶荚蒾、少花荚蒾、桦叶荚蒾等；有些种类喜湿润也能耐干旱，如金佛山荚蒾、短序荚蒾、珍珠荚蒾等；有的种类忌涝，如粉团等。

3. 光照

荚蒾属植物几乎都能适应半遮光栽培。有的种类喜全光环境，如日本珊瑚树、伞房荚蒾、金佛山荚蒾、绣球荚蒾、短序荚蒾、珊瑚树等；有的适宜具散射光或侧光的半阴环境，如三叶荚蒾、蝴蝶荚蒾、粉团等；有的耐阴喜光，如短序荚蒾、巴东荚蒾等。光照过少，植物生长发育会受到影响。

4. 土壤

荚蒾属植物大多数种类对土壤要求不严，均有喜肥沃土壤，也耐贫瘠的特性。以疏松、通透性良好、富含有机质的微酸性土壤为宜，这样生长的植株健壮，相反，土壤过于贫瘠时会导致生长发育不良、植株株型矮小，开花时花量少且颜色暗淡。

第二节　荚蒾属植物的繁殖

荚蒾属植物通过有性和无性两种方式进行繁殖，一些种类的种子因为胚休眠或种皮的不透水性障碍而影响发芽，造成育苗的难度很大，故通常采用无性繁殖。无性繁殖包括扦插、嫁接、压条等，目前生产上主要采用扦插繁殖，有的可用压条繁殖，甚少采用嫁接繁殖。

一、扦插繁殖

扦插是从植物母体上切取茎、叶、根、芽等部分，在适宜的环境条件下促使它们形成根和新梢，如此产生一个新的独立植物。在大多数情况下，扦插具有不改变亲本遗传特性的优点，扦插繁殖成活率高，而且与其他无性繁殖相比，具有成本较低、效率高、操作简单的优点，是常用的繁殖方式。荚蒾属大多数植物种类扦插可常年进行，但因春季扦插生根率高，通常在春季进行扦插。

扦插方法：选用健康的荚蒾枝条，剪取带两个节以上，长度 10 ～ 12 厘米的插穗，插穗下部在节下 0.5 ～ 1 厘米处剪斜切口，上部小叶保留，大叶片剪除 2/3。剪取后泡入清水中，以防插穗失水。用 0.5‰ 的高锰酸钾溶液对插穗与扦插基质进行杀菌消毒。扦插时插穗基部可蘸取适量生根剂以促进生根，扦插深度控制在插穗长度的 1/3 左右，株行距约为 10 厘米，扦插时斜切口端朝下，要注意保护插穗，避免插穗裂皮，扦插后浇透水即可。在日常的管理中，保持扦插基质湿润。

荚蒾属植物的扦插成活率受到基质和季节的影响，在不同地区的扦插繁殖需要结合当地的气候和环境。荚蒾属不同种的扦插条件也不同，扦插时的插穗的选择、扦插时间、激素种类以及激素的浓度和处理时间等均会影响扦插结果。

鸡树条的扦插繁殖

三叶荚蒾的扦插繁殖

珊瑚树的春季扦插及移栽

珊瑚树的冬季扦插

二、嫁接繁殖

一般情况下，荚蒾属植物嫁接通常在春末夏初进行，以健康无病害的植株作砧木，健壮的枝条为接穗进行切接或其他嫁接方式。嫁接的关键在于掌握砧木和接穗切口的对接技术，接口的包扎固定及防水措施。嫁接的优势在于可以快速获得可应用的大型植株。

以短序荚蒾为砧木，嫁接绣球荚蒾

三、压条繁殖

压条育苗可采用堆土压条、水平压条、放射状压条、高空压条等方法，在春季或者夏季进行。堆土压条、水平压条、放射状压条又统称为地面压条法（地压法），就是根据枝条的不同情况在地面压条，着生位置较低、枝条较软的枝条可用地面压条法。枝条主要着生在植株的一侧，可用堆土压条法；萌生枝条生于植株四周的，可用放射状压条法。枝条着生位置较高的，可用高空压条法，简称高压法。地压法可多枝一同压住，或通过压生有侧枝的枝条，其侧枝可分别生根，剪切后可一次性获得多株植株。地压法简单易行，大部分在当年即可生根、移苗：从生根处下缘 5 厘米左右处的母枝上切断，从生根处与土壤一同挖出，另行栽植，就成为一株独立苗木。

1. 地压法

选近地枝条或压向地面后不致折断的较高枝条，压向地面，把枝条接地部位的表皮环剥 0.5 ～ 1 厘米，用细土覆盖成梗状，上面再以较大土块压住，以免枝条弹起。压条后注意勤浇水，保持土壤湿润。

球花荚蒾的压条苗（地压法）

三叶荚蒾的压条苗（地压法）

少花荚蒾的压条苗（地压法）

2. 高压法

将所压枝条适当部位的表皮环剥 0.5 ～ 1 厘米，在切口下方 5 ～ 10 厘米处将环包枝条的塑料薄膜扎紧，把塑料薄膜环状抄起后装入湿润土壤，再在切口上方 5 ～ 10 厘米处扎住上口即可。

3. 夹压法

夹压法是高压法的一种，即在所压枝条适当部位进行斜劈，斜劈深度为枝径的 1/3 ～ 1/2，然后用牙签或其他异物稍微支撑起斜劈口，在切口下方 5 ～ 10 厘米处将环包枝条的塑料薄膜扎紧，把塑料薄膜环状抄起后装入湿润土壤，再在切口上方 5 ～ 10 厘米处扎住上口，后期进行正常养护。此法主要针对高压法中容易形成愈伤组织却不易生根的情况。

压条繁殖苗木受萌条数量、地理、空间等限制条件的影响，繁育速度缓慢，不利于推广应用，但对一些扦插不易成功的种类，如绣球荚蒾等，此法最宜。

绣球荚蒾的压条繁殖（夹压法）

压条繁殖（夹压法）和绣球荚蒾的移栽

四、组织快繁

组织培养技术具有可以良好的保持亲本的优良性状，在短时间内大批量地培育出所需新个体，以及防止植物受病毒危害等特点，利用组织培养技术可以加快荚蒾的繁殖速度，缩短荚蒾的生育周期。近年来组织培养在荚蒾属植物中也有较多研究，欧洲荚蒾、地中海荚蒾、鸡树条、香荚蒾、枇杷叶荚蒾等已经研究出组织诱导培养的合适的培养基配方和比较成熟的培养方法。

五、播种繁殖

荚蒾属植物种类繁多，不同种的种子存在着不同的休眠与萌发特性，有的种类直接播种易出苗，如水红木等，有的种类具有休眠特性，还有的种类具有双重休眠特性，导致其育苗的难度很大。

荚蒾属植物种子休眠特性非常复杂，不同种类的休眠类型不一，有深度简单形态生理休眠（上胚轴休眠）、浅度生理形态休眠、形态休眠和机械休眠 4 种类型。不同休眠特性的种子，其种子处理方法也不同。琼花种子必须经过冬季低温、夏季高温和秋季降温才能彻底破除休眠而萌发，这种特殊的休眠规律在其他木本植物中较为罕见。欧洲荚蒾的种子萌发休眠期长，外层种皮含有蜡质层，需要除去蜡质层后隔年萌发。水红木种子的胚虽然没有休眠，但有种皮不透水性引起的休眠，这种休眠可用变温和人工去皮来打破。鸡树条种子进行赤霉素浸种可以提高其出苗率。桦叶荚蒾种子下胚轴和上胚轴都有休眠，下胚轴的休眠可用暖层积打破，上胚轴的休眠可用冷层积打破。一般荚蒾属植物在种子形态成熟后于秋天直接播种，自然完成打破休眠过程，也可用种子层积法进行催芽处理并于春季播种，种子用浓度为 0.2‰ 的高锰酸钾溶液消毒，播种前 10 天用 0.2‰ 的高锰酸钾溶液对土壤消毒。

茶荚蒾（新采果子）　　　　　茶荚蒾（种子）　　　　　茶荚蒾催芽（高、低温）

川西荚蒾和樟叶荚蒾的播种繁殖

播种管理：每亩播种量为 30 ～ 40 千克，作畦，条播。播幅 10 厘米，播深 1 ～ 2 厘米，行距 20 厘米，选择土质疏松富含腐殖质的沙质土壤。经过萌芽处埋的种子，播种当年即可出苗，有的次年才能出苗。应加强田间管理，定时浇水，保持土壤表层湿润和疏松，适时移栽。

陕西荚蒾的播种苗

蒙古荚蒾的播种苗

珊瑚树的播种苗

水红木的播种苗

伞房荚蒾的播种苗

第三节 荚蒾属植物的栽培管理

荚蒾属植物的栽植技术主要包括以下几个方面：①栽培土壤应以排水性良好、富含有机质的土壤为宜，土壤要具有通透性；②盆栽荚蒾与露地栽植的荚蒾都应根据种类特性选择适宜光照地块，定植时宜选在开阔、向阳地带，或半阴环境；③浇水时应遵循"间干间湿、浇必浇透"的原则，保持根部土壤湿润；④生长旺季时及时追肥，以补充生长所需的肥力；⑤冬季注意控水，落叶种类的修剪整形宜在落叶后进行，常绿叶类可在早春进行。荚蒾属植物抗病虫害能力较强，一般不使用农药。

一、盆栽

大多数荚蒾属植物种类具有旺盛的生命力和很强的萌生能力，同时也具有发达的根系。植株移栽后，其"吸水"能力和"脱水"程度是影响成活的关键因素，荚蒾属植物旺盛的生命力和萌生能力需要通过光合作用制造大量养料来维持，光合作用对水分的需求压力较大，促使根部加快吸水，养料在向下传输过程中，在根部切口堆积，进一步促进了根的形成，这种良性循环使其栽培容易成活。

盆栽观赏适用于耐修剪且萌生能力强或植株较为矮小的种类，幼苗培育也可以盆栽，根据"适盆适树"原则，盆栽容器的选择以植株的大小而定。栽种时，先在容器中加入2/3的栽培基质，然后移入幼苗，加基质至杯缘2厘米，轻轻压实土壤，摆放至阴凉处，浇足定根水即可。

冬季、春季保持盆土湿润，夏季天气炎热，水分蒸发量大，应根据当地的天气情况进行合理浇水，雨季时要注意及时倒掉盆中的积水防止植株烂根。

二、露地栽培

荚蒾属植物具有喜温暖、湿润，喜半阴或阳光充足的习性，对土壤适应性广，从微酸到微碱性且排水性良好的土壤，各种类有着不同程度的耐寒、耐旱、耐贫瘠土壤的特性，生命力强，露地栽培一年四季均可进行。按照合理间距挖好定植坑，也可在定植坑中拌入适量的有机质，植株栽入定植坑后，浇足定根水即可。管理过程中不定期进行除草、松土、灌溉。旱季及时浇水，保持土壤湿润；雨季过后土壤容易板结，应及时松土。每年春季可在荚蒾萌芽长叶前施一次有机肥，用以保证植株的良好长势，孕育更多花。

三、修枝整形

1. 小苗

应根据植物的培养要求，进行修枝。丛生型：应从基部（20厘米以下）全部修剪，促进萌生新的枝条，使株形丰满。独干型：应留粗壮的主枝，去掉侧生的枝条，以免营养分散，促进主枝生长。

2. 大苗

应修剪过长徒生枝条，使树形整齐；修剪过密枝、枯枝，可以改善通风透气性，利于植株生长。

3. 整形

对修枝后萌生能力强的种类，可根据需要进行整形。如珊瑚树因枝条多、萌生能力强，可修剪成球形、伞形、柱形、也可修剪成绿篱，还可多株配合整合成几何图案。又因其枝条较柔、韧性好，也可编、剪成动物图案。其他种类，如绣球荚蒾、金佛山荚蒾、伞房荚蒾、皱叶荚蒾、短序荚蒾等均可整形成型。

第四章

国内的引种收集
现状及园林应用

第一节　荚蒾属植物在国内的引种收集现状

　　我国有丰富的荚蒾属植物资源，不少专家对当地的一些种类进行了调查或研究。成都市植物园杨开泰等1988年开始引种荚蒾属植物，但是留存应用的种类不多，后期李方文等人继续就荚蒾属植物的引种驯化与栽培繁殖技术进行了进一步深入研究；刘爱群等系统介绍了云南的荚蒾种类、分布、果实内含物成分、价值和加工，并联合生产出荚蒾果汁饮料；陈又生等介绍了北京引种和栽培荚蒾属植物的生长情况，推荐了一些适合在北京推广的耐寒种类；李先源等根据野外调查和文献资料统计出重庆荚蒾属植物种质资源有25个种、1个亚种、10个变种，几乎未得到开发利用，他们认为蝴蝶荚蒾、巴东荚蒾等有较好的利用前景；白长财等对甘肃荚蒾属植物种类和分布、甘肃荚蒾属药用植物和观赏植物资源进行了调查研究，提出了可持续开发利用的建议；金雅琴等通过调查研究，介绍了南京地区珊瑚树等荚蒾属植物的常见分布种类，并对其栽培繁殖和园林应用进行了探讨；刘雄兰等对浙江云和县常见的荚蒾属植物的分布情况和主要的生物学特性进行了分析，并对其综合利用的前景作了探讨。近几年在各地植物调查过程中，荚蒾属植物也有一些新发现。山东发现一新变种，即泰山琼花荚蒾；罗凤霞等在辽宁发现了蒙古荚蒾的新变种绿花蒙古荚蒾；孙建友等在河北发现的大花鸡树条为鸡树条的1个新变型。

　　近年来随着城市园林绿化的兴起，人们对乡土植物的开发利用越来越重视，更多荚蒾属植物正在逐步走进人们的视野。中国原生荚蒾属植物中仅有54个种（包括7个变种、1个变型、2个亚种）在植物园中有引种栽培，而被应用于植物园景观建设的中国原生种仅有32种（25个种、1个亚种、5个变种、1个变型），应用于城市园林公共绿地的种类更是少之又少。此外，对国外荚蒾属植物的引种方式主要有国际种质交换等，共引入国外荚蒾属植物12个种、37个品种，被应用于植物园景观建设中的有 6 个种、11 个品种。由此可见，进行系统引种收集的不多，对其进行园林应用的就更少了。

　　荚蒾属植物的许多种类都具有良好的观赏性，是优良的园林植物。为促进荚蒾属种质资源的开发利用，成都市植物园引入中国原生种 64 个种（包括种下单位）、国外 2 个种、11 个品种。经过 30 多年的栽培驯化，对部分种类进行了园林应用。于 2018 年建成了荚蒾属植物专类园——荚蒾园，游客们表现出了极大的兴趣。今后，更多的荚蒾属植物种类将陆续充实到"荚蒾园"中，展现其特有的魅力。

成都市植物园荚蒾属植物专类园

第二节　荚蒾属植物的园林应用

荚蒾属植物不仅叶色丰富、花果美丽、观赏价值高、易繁殖，而且有不少种类适应性强，耐干旱、水湿、低温、酷热，对光照适应范围广，可大量用于水景、湿地周边的植物配置，林下及林缘的植物造景，以及其他公共绿地建设。但目前城市园林中应用荚蒾属植物的种类跟数量都很少，一些传统名花，如琼花、绣球荚蒾、蝴蝶荚蒾等在一些古典园林和高校中有少量应用；城市园林公共绿地、庭院等场所中应用最多的日本珊瑚树，也多是以绿篱的方式在应用，将其进行孤植、片植、行道，也有很好的观赏效果。还有大量的荚蒾属种类也具有很高的观赏价值，还有待开发。笔者现将多年来承担的荚蒾属植物引种、繁育以及推广应用等项目中筛选的种类选取部分分享给大家。

根据园林绿化中应用的配置方式和绿地类型的不同，不同荚蒾属植物种类可适于以下几种应用类型：行道或分车道、孤植、片植、绿篱、剪型植物、盆栽等。

一、行道或分车道

用作行道的植物一般要求其树干挺拔、树冠浓密、枝叶繁茂，能够形成较大面积的绿荫。由于荚蒾属植物多为小乔木或灌木，用作行道树的种类不多，目前用作行道的多是日本珊瑚树、绣球荚蒾，另外珊瑚树也是优良的行道树种，树形比日本珊瑚树更开展，果实更密集，但其树枝较软。此外，短序荚蒾也有很好的应用前景。

绣球荚蒾

短序荚蒾

珊瑚树

二、孤植和散植

　　应用于孤植、散植类的荚蒾属植物大多姿态优美，或花量大，或果量丰富，且对光照的适应范围广，可以独立成景以供观赏。日本珊瑚树、绣球荚蒾、粉团、蝶花荚蒾、琼花、蝴蝶戏珠花、三叶荚蒾、荚蒾和南方荚蒾等荚蒾属植物可布置于花坛、广场、草地中央，街边绿地或小游园，水池岸边，河流曲线转折处外侧，登山道、缓坡山岗，假山及园林建筑处，起到主景、局部点缀增景的作用。

绣球荚蒾

欧洲荚蒾

琼花

蝴蝶戏珠花

三叶荚蒾

粉团

荚蒾

蝶花荚蒾

南方荚蒾

三、片植和丛植

　　生长整齐一致、能形成整体景观效果的荚蒾属植物可以进行成片种植。例如：琼花、蝶花荚蒾和蝴蝶戏珠花的株型优美，花序周围具有大型不孕边花，在开花时节犹如群蝶翩翩起舞；珊瑚树、日本珊瑚树和皱叶荚蒾的叶片四季常绿，适应性强，常片植于林下或丛植于疏林草坪上；茶荚蒾、直角荚蒾、细梗红荚蒾、鸡树条和欧洲荚蒾，在果实成熟时亮红色的果实充满整个树丛，极为艳丽，观赏性很高。此外，绣球荚蒾、短序荚蒾、珍珠荚蒾、地中海荚蒾等都可以用于片植。

日本珊瑚树的应用

珊瑚树与蔓长春花的配置效果

茶荚蒾

直角荚蒾   细梗红荚蒾

绣球荚蒾

短序荚蒾

四、绿篱

　　荚蒾属植物中茎干密集丛生、耐修剪，且萌生能力强的常绿灌木均可作为绿篱。目前常用作绿篱和绿墙的主要是日本珊瑚树。该属的其他植物如：珊瑚树、琉球荚蒾、台东荚蒾、短序荚蒾和金佛山荚蒾等，十分耐修剪，且萌生能力强，修剪成绿篱球、绿篱条、绿篱柱均表现良好，是该属植物在园林绿化中用作绿篱的重要资源。

日本珊瑚树

五、剪型植物

有的常绿灌木或小乔木茎干密集丛生、萌生能力强、耐修剪，可以修剪成多种造型，如珊瑚树、日本珊瑚树、伞房荚蒾、绣球荚蒾、金佛山荚蒾及直角荚蒾等。有的种类，如珊瑚树修剪后萌生的新叶还表现出鹅黄、微红、暗红等色彩，更增添了其观赏性。

珊瑚树

日本珊瑚树

伞房荚蒾

金佛山荚蒾 + 直角荚蒾 + 绣球荚蒾　　　　　　　直角荚蒾

六、盆栽

荚蒾属植物中体型较小，花、叶、果或姿态中的某一方面观赏价值较为突出，且对光照要求不严格的种类可用于盆栽。目前用于盆栽的荚蒾属植物有地中海荚蒾、琉球荚蒾、短序荚蒾、雪球荚蒾、蝴蝶戏珠花等种类。

地中海荚蒾

琉球荚蒾

第五章

荚蒾属植物
种类介绍

《中国植物志》对荚蒾属植物进行了科学的分组及详细的介绍。本书按地域、花、果、叶等分组介绍64种荚蒾属植物。

第一节 以地域命名的荚蒾

粤赣荚蒾 *Viburnum dalzielii* W.W.Smith

灌木，高达3米；叶纸质或厚纸质，基部浅心形或圆形，基部全缘或微波状，侧脉连同中脉上面凹陷，下面凸起。复伞形式聚伞花序，具总花梗，花冠白色，辐状；果实红色；核卵形，有2条浅背沟和3条浅腹沟。花期5月，果熟期11月。

产于江西和广东，分布于海拔400～1100米处。

宜昌荚蒾　*Viburnum erosum* Thunb.

落叶灌木，高达 3 米，密被毛；叶纸质，形状变化很大，长 3 ～ 11 厘米，边缘有波状小尖齿，近基部两侧有少数腺体，侧脉直达齿端，基部有 2 枚宿存、钻形小托叶。复伞形式聚伞花序，具总花梗，花冠白色，辐状，雄蕊略短于至长于花冠，花药黄白色；果实红色，核扁。花期 4—5 月，果熟期 8—10 月。

产于陕西、山东、江苏、安徽、浙江、江西、福建、台湾、河南、湖北、湖南、广东、广西、四川、贵州和云南，分布于海拔 300 ～ 2300 米处。日本和朝鲜也有分布。

种子含油约 40%，可供制肥皂和润滑油。茎皮纤维可制绳索及造纸，枝条供编织用。

南方荚蒾 *Viburnum fordiae* Hance

灌木或小乔木，高可达 5 米；除干和老枝外均被黄色绒毛；叶纸质至厚纸质，宽卵形或菱状卵形，除边缘基部外常有小尖齿，侧脉直达齿端，下面凸起；壮枝上的叶带革质，常较大，基部较宽，边缘疏生浅齿或几全缘，侧脉较少。复伞形式聚伞花序，具总花梗，花冠白色，辐状；果实红色，核扁，有 2 条腹沟和 1 条背沟。花期 4—5 月，果熟期 10—11 月。

产于安徽、浙江、江西、福建、湖南、广东、广西、贵州及云南，分布于海拔 20～1300 米处。

衡山荚蒾 *Viburnum hengshanicum* Tsiang ex Hsu

落叶灌木，高达 2.5 米，除叶下面和花序外，全株无毛；冬芽长而尖，有 2 对鳞片；叶纸质，基部圆形或浅心形，有时截形，边缘疏生不整齐牙齿状尖齿，齿开展或稍外弯，最下一对作 3 出脉状，连同中脉上面略凹陷，下面明显凸起。复伞形式聚伞花序顶生，具总花梗，花冠白色，雄蕊远高出花冠；果实红色，核扁，有 2 条浅背沟和 3 条浅腹沟。花期 5—7 月，果熟期 9—10 月。

产于安徽、浙江、江西、湖南、广西及贵州，分布于海拔 650 ～ 1300 米处。

甘肃荚蒾 *Viburnum kansuense* Batal.

落叶灌木，高达 3 米；当年小枝略带四角状；冬芽具 2 对分离的鳞片；叶纸质，中 3 裂至深 3 裂或左右二裂片再 2 裂，掌状 3～5 出脉，基部截形至近心形或宽楔形，中裂最大，叶柄紫红色，基部常有 2 枚钻形托叶。复伞形式聚伞花序，不具大型的不孕花，被微毛，具总花梗，萼筒紫红色，花冠淡红色，辐状，边缘稍呈啮蚀状；雄蕊略长于花冠，花药红褐色；果实红色，椭圆形或近圆形，核扁，椭圆形，有 2 条浅背沟和 3 条浅腹沟。花期 6—7 月，果熟期 9—10 月。

产于陕西、甘肃、四川西部至西南部、云南西北部及西藏东南部，分布于海拔 2400～3600 米处。

茎皮纤维可制绳索和造纸。

欧洲荚蒾 *Viburnum opulus* Linn.

落叶灌木，高 2 ～ 4 米；当年小枝有棱，有明显凸起的皮孔，树皮质薄而非木栓质，常纵裂。冬芽有 1 对合生的外鳞片；叶厚纸质，通常 3 裂，具掌状 3 出脉，基部圆形、截形或浅心形，边缘具不整齐粗牙齿，基部有 2 枚钻形托叶。复伞形式聚伞花序，周围有大型的不孕花，总花梗粗壮；花冠白色，辐状，雄蕊长至少为花冠的 1.5 倍，不孕花白色；果实红色，核扁，无纵沟。花期 3—5 月，果熟期 8—10 月。

产于新疆西北部，分布于海拔 1000 ～ 1600 米处。欧洲和俄罗斯高加索与远东地区也有分布。

漾濞荚蒾 *Viburnum chingii* Hsu

常绿灌木或小乔木，高达 5 米；当年小枝黄白色；叶亚革质，边缘具钝或尖的锯齿，齿端微凸尖，或为开展的锐锯齿，基部全缘，上面有光泽，侧脉沿叶缘弓弯而互相网结，上面略凹陷，下面显著凸起。圆锥花序顶生，被黄色微柔毛，总花梗扁，花芳香，花冠白色，漏斗状，柱头头状；果实红色，核扁，有 1 条宽广的深腹沟。花期 12 月至翌年 5 月，果熟期 7—8 月。

产于云南东北部和东部至西部和西北部，分布于海拔 2000～3200 米处。越南北部和缅甸北部可能也有分布。

巴东荚蒾 *Viburnum henryi* Hemsl.

灌木或小乔木，常绿或半常绿，高达 7 米，全株无毛或近无毛；冬芽有 1 对外被黄色簇状毛的鳞片。叶亚革质，基部楔形至圆形，边缘除中部以下处全缘外有浅的锐锯齿，齿常具硬凸头，侧脉部分直达齿端，连同中脉下面凸起，脉腋有趾蹼状小孔和少数集聚簇状毛。圆锥花序顶生，总花梗纤细，花芳香，花冠白色，辐状，柱头头状；果实红色，后变紫黑色，核稍扁，有 1 条深腹沟，背沟常不存。花期 6 月，果熟期 8—10 月。

产于陕西、浙江、江西、福建、湖北、广西、四川及贵州，分布于海拔 900 ～ 2600 米处。

峨眉荚蒾 * *Viburnum omeiense* Hsu

落叶灌木，高 75 厘米左右，全株几无毛；冬芽有 1 对鳞片；叶厚纸质，矩圆形，长 3 ～ 7 厘米，顶端短尖，基部楔形，边缘除基部外疏生波状浅齿，两面中脉均凸起，侧脉约 4 对，近叶缘前弯拱而互相网结，叶柄微红色，上面有沟。圆锥花序，具极稠密的无梗小花，总花梗长约 2 厘米；苞片绿色，叶质，小苞片鳞片状，花冠白色，高脚碟形。果实不详。花期 11 月。

特产于四川峨眉山，分布于海拔 500 ～ 1000 米处。

---

* 笔者于 2005 年于峨眉山报国寺附近找到一株，后未再见到，想补拍照片也未能如愿。

瑞丽荚蒾　*Viburnum shweliense* W. W. Smith

落叶灌木或小乔木，高达 3 米；叶纸质，边缘有多数显著的锐锯齿，侧脉直达齿端；叶柄长 2～2.5 厘米。圆锥花序顶生或生于具 1 对叶的短枝之顶，长、宽各约 5 厘米，总花梗长 3～4 厘米。萼略带红色，萼筒倒圆锥形，花冠乳白色，辐状钟形，裂片反曲；雄蕊明显高出花冠筒。果实不祥。花期 7 月。

特产于云南西部，分布于海拔 3000～3300 米处。

台东荚蒾 *Viburnum taitoense* Hayata

常绿灌木，高达 2 米；枝及小枝灰白色，具明显凸起的皮孔，当年小枝紫褐色，有棱；冬芽有 1 对鳞片；叶厚纸质或带革质，基部宽楔形或近圆形，除边缘基部外有浅锯齿，上面深绿色有光泽，侧脉近缘前互相网结，连同中脉上面甚凹陷，下面明显凸起；圆锥花序顶生，具少数花，总花梗纤细，花冠白色，漏斗状，柱头头状。果实红色，果核多少呈不规则的六角形，有 1 条封闭式管形深腹沟。花期 3—5 月，果熟期 6—8 月。

产于台湾东部、湖南南部和广西北部，分布于海拔 200 ～ 400 米处。

腾越荚蒾　*Viburnum tengyuehense* (W. W. Smith) Hsu

落叶灌木，高达 1 米；枝黄白色，散生凸起的圆形皮孔；冬芽有 1 对鳞片，外被柔毛。叶厚纸质，长 7～10 厘米，除边缘基部外有开展的尖锯齿，侧脉 5～6 对，近缘前互相网结，上面略凹陷，下面凸起，腺腋有时集聚簇状毛；圆锥花序顶生或生于具 1 对叶的侧生短枝之顶，被黄褐色绒毛，具总花梗，甚扁；花冠白色，辐状，裂片长 2 倍于花冠筒；果实红色，核扁，有 1 条宽广深腹沟，两缘稍内弯。花期 4 —6 月，果熟期 10 月。

产云南和西藏东南部，分布于海拔 1500～2600 米处。

川西荚蒾　*Viburnum davidii* Franch.

常绿灌木，最高可达10米，全体几无毛；小枝紫褐色，有凸起皮孔；叶厚革质，椭圆状倒卵形至椭圆形，长6～14厘米，基部宽楔形至近圆形，具基部3出脉，全缘或有时中部以上疏生少数不规则牙齿，上面有光泽，下面各脉凸起，叶柄粗壮，带紫色；聚伞花序稠密，具总花梗，花冠暗红色，裂片圆形，花药红黑色；果实蓝黑色，果核有1条狭细浅腹沟。花期6月，果熟期9—10月。

产于四川西部，分布于海拔1800～2400米处。

金佛山荚蒾 *Viburnum chinshanense* Graebn.

灌木，高达 5 米；当年小枝、幼叶下面、叶柄和花序均被绒毛，二年生小枝无毛，散生小皮孔。叶纸质至厚纸质，基部圆形或微心形，全缘，侧脉于近缘处互相网结，上面凹陷，下面凸起；聚伞花序，具总花梗，花冠白色，辐状，雄蕊略高出花冠；果实先红色后变黑色，核甚扁，有 2 条背沟和 3 条腹沟。花期 4—5 月，果熟期 7 月。

产于陕西、甘肃、四川、贵州及云南东部，分布于海拔 100 ～ 1900 米处。

蒙古荚蒾　*Viburnum mongolicum* (Pall.) Rehd.

落叶灌木，高达2米；幼枝、叶下面、叶柄和花序均被簇状短毛，二年生小枝无毛；叶纸质，宽卵形至椭圆形，基部圆或楔圆形，边缘有波状浅齿，齿顶具小突尖，侧脉近缘前分枝而互相网结，下面凸起；聚伞花序，具少数花，具总花梗，花冠淡黄白色，筒状钟形；果实红色而后变黑色，核扁，有2条浅背沟和3条浅腹沟。花期5月，果熟期9月。

产于内蒙古、河北、山西、陕西、宁夏、甘肃及青海，分布于海拔800～2400米处。西伯利亚东部和蒙古也有分布。

陕西荚蒾 *Viburnum schensianum* Maxim.

落叶灌木，高可达 3 米；幼枝、叶下面、叶柄及花序均被绒毛；芽常被锈褐色簇状毛；二年生小枝稍四角状；叶纸质，卵状椭圆形或近圆形，顶端钝或圆形，有时微凹，基部圆形，边缘有较密的小尖齿，侧脉部分直伸至齿端；聚伞花序，具总花梗，花冠白色，辐状；果实红色后变黑色，果核背部龟背状凸起而无沟或有 2 条不明显的沟，腹部有 3 条沟。花期 5—7 月，果熟期 8—9 月。

产于河北、山西、陕西、甘肃、山东、江苏、河南、湖北和四川，分布于海拔 700 ~ 2200 米处。

第二节　以花的特征命名的荚蒾

琼花　*Viburnum macrocephalum* f. *keteleeri* (Carr.) Rehd.

聚伞花序仅周围具大型的不孕花，花冠直径 3 ～ 4.2 厘米，裂片倒卵形或近圆形，顶端常凹缺；可孕花的萼齿卵形，长约 1 毫米，花冠白色，裂片宽卵形，雄蕊稍高出花冠，花药近圆形。果实红色而后变黑色，椭圆形；核扁，矩圆形至宽椭圆形，有 2 条浅背沟和 3 条浅腹沟。花期 4 月，果熟期 9—10 月。

产于江苏南部、安徽西部、浙江、江西西北部、湖北西部及湖南南部，分布于海拔 1000 米处。

锥序荚蒾 *Viburnum pyramidatum* Rehd.

灌木或小乔木，高达 7 米；当年小枝圆筒状，散生皮孔；叶厚纸质，长 8～
20 厘米，边缘有齿状锯齿或小锯齿，上面有光泽，侧脉连同中脉下面凸起；圆
锥式花序尖塔形，由 2～4 层伞形花序组成，具总花梗，花冠白色，辐状；果
实深红色，核稍扁，具 2 条深背沟和 1 条浅腹沟。花期 12 月至翌年 1 月，果熟
期 11—12 月。

产丁广西西部和云南东南部，分布丁海拔 120～1400 米处。越南北部也有
分布。

短柄荚蒾　*Viburnum brevipes* Rehd.

落叶灌木，高达 3 米；叶纸质，基部宽楔形，除边缘基部外有齿状锯齿，脉上毛较密，有多数暗色腺点；叶柄甚短，长 2 ～ 3 毫米；无托叶。复伞形式聚伞花序直径果时可达 7 厘米，具总花梗，花冠白色，辐状；果实红色，卵圆形；核极扁，有 2 条浅背沟和 3 条浅腹沟。花期 6 月，果熟期 10 月。

特产于湖北西部，生于灌丛中，分布于海拔 1300 ～ 1800 米处。

金腺荚蒾 *Viburnum chunii* Hsu

常绿灌木，高 1～2 米；当年小枝四角状，无毛；叶厚纸质至薄革质，基部楔形，边缘通常中部以上有 3～5 对疏锯齿，上面常散生金黄色及暗色腺点，脉腋有时集聚簇状毛，腺点较密，侧脉 3～5 对，离基 3 出脉状；复伞形式聚伞花序顶生，具总花梗，花冠蕾时带红色，果实红色，核卵圆形，扁，背、腹沟均不明显。花期 5 月，果熟期 10—11 月。

产于安徽、浙江、江西、福建、湖南、广东、广西及贵州，分布于海拔140～1300 米处。

臭荚蒾   *Viburnum foetidum* Wall.

落叶灌木，高达4米，二年生小枝紫褐色；叶纸质至厚纸质，边缘有少数疏浅锯齿或近全缘，近基部两侧有少数暗色腺斑，侧脉2～4对，弧形而达齿端，基部一对常作离基3出脉状，连同中脉上面略凹陷，下面明显凸起；复伞形式聚伞花序，具总花梗，花冠白色，辐状；果实红色，核有2条浅背沟和3条浅腹沟。花期7月，果熟期9月。

产丁西藏南部至东南部，分布于海拔1200～3100米处。印度东北部、孟加拉国、不丹、缅甸、泰国和老挝也有分布。

蝶花荚蒾　*Viburnum hanceanum* Maxim.

灌木，高达 2 米；当年小枝、叶柄和总花梗被黄色绒毛；叶纸质，除边缘基部外具整齐而稍带波状的锯齿，侧脉整齐，达至齿端，上面略凹陷，下面凸起；聚伞花序伞形式，总花梗长 2 ～ 4 厘米，花稀疏，外围有 2 ～ 5 朵白色、大型的不孕花，可孕花花冠黄白色；果实红色，核扁，有 1 条上宽下窄的腹沟，背面有 1 条隆起的脊。花期 3—4 月，果熟期 8—9 月。

产于江西南部、福建、湖南、广东中部至北部及广西（柳州），分布于海拔 200 ～ 800 米处。

粉团 *Viburnum plicatum* Thunb.

落叶灌木，高达 3 米；当年小枝四角状，被绒毛；冬芽有 1 对披针状三角形鳞片；叶纸质，边缘有不整齐三角状锯齿，侧脉 10 ~ 12(13) 对，笔直伸至齿端，上面常深凹陷，下面显著凸起。聚伞花序伞形式，球形，全部由大型的不孕花组成，总花梗长 1.5 ~ 4 厘米，花冠白色，辐状，雌、雄蕊均不发育。花期 3—5 月。

产于湖北西部和贵州中部（清镇），各地常有栽培，分布于海拔 240 ~ 1800 米处。日本也有分布。

短序荚蒾　*Viburnum brachybotryum* Hemsl.

常绿灌木或小乔木，高可达 10 米；幼枝、芽、花序、萼、花冠外面、苞片和小苞片均被毛；冬芽有 1 对鳞片；叶革质，边缘自基部 1/3 以上疏生尖锯齿，有时近全缘，上面深绿色有光泽，侧脉近缘前互相网结，上面略凹陷，连同中脉下面明显凸起；圆锥花序通常尖形，顶生或常有一部分生于腋出、无叶的退化短枝上，成假腋生状；花冠白色，辐状，柱头头状，3 裂，远高出萼齿；果实鲜红色，常有毛，果核稍扁，有 1 条深腹沟。花期 1—3 月，果熟期 7—8 月。

产于江西、湖北、湖南、广西、四川、贵州及云南，分布于海拔 400 ～ 1900 米处。

伞房荚蒾　*Viburnum corymbiflorum* Hsu et S. C. Hsu

灌木或小乔木，高达 5 米；枝和小枝黄白色；冬芽有 1 对鳞片；叶皮纸质，干后变榄绿色，边缘离基部 1/3 以上疏生外弯的尖锯齿，上面深绿色有光泽，侧脉大部直达齿端，连同中脉上面凹陷，下面凸起；圆锥花序因主轴缩短而成圆顶的伞房状，生于具 1 对叶的短枝之顶，具总花梗；花芳香，花冠白色，辐状；花药黄色，柱头头状；果实红色，果核有 1 条深腹沟。花期 4 月，果熟期 6—7 月。

产于浙江、江西、福建、湖北、湖南、广东、广西、四川、贵州和云南，分布于海拔 1000 ～ 1800 米处。

红荚蒾　*Viburnum erubescens* Wall.

落叶灌木或小乔木，高达 6 米；冬芽有 1 对鳞片；叶纸质，除边缘基部外具细锐锯齿，侧脉大部分直达齿端，连同中脉上面略凹陷，下面凸起；圆锥花序生于具 1 对叶的短枝之顶，通常下垂，总花梗长 2～6 厘米，花无梗或有短梗，花冠白色或淡红色，高脚碟状，雄蕊生于花冠筒顶端，花丝极短，花药黄白色；果实紫红色，后转黑色，核扁，有 1 条宽广深腹沟，腹面上半部有 1 条隆起的脊。花期 4—6 月，果熟期 8 月。

产于西藏东南部，分布于海拔 1500～3000 米处。印度、尼泊尔、不丹及缅甸也有分布。

香荚蒾 *Viburnum farreri* W. T. Stearn

落叶灌木，高达 5 米；冬芽有 2～3 对鳞片；叶纸质，椭圆形或菱状倒卵形，除边缘基部外具三角形锯齿，侧脉直达齿端，连同中脉上面凹陷，下面凸起；圆锥花序，有多数花，花先叶开放，芳香，花冠蕾时粉红色，开花后变白色，高脚碟状；果实紫红色，核扁，有 1 条深腹沟。花期 4—5 月，果熟期 9—10 月。

产于甘肃（华亭、皋兰）、青海（西宁）及新疆（天山），分布于海拔 1600～2800 米处。山东、河北等省多有栽培。

少花荚蒾　*Viburnum oliganthum* Batal.

常绿灌木或小乔木，高 2～5 米；芽有 1 对大鳞片，外被簇状伏毛。叶亚革质至革质，很少厚纸质，边缘中上部具疏浅锯齿，齿顶细尖而弯向内或向前，上面深绿色有光泽，中脉两面隆起，上面尤为明显，侧脉达叶缘前弯拱而互相网结；叶柄连同总花梗、苞片、小苞片和萼均带紫红色。圆锥花序顶生，总花梗细而扁，花冠白色或淡红色，漏斗状，花药紫红色；果实红色，后转黑色，核扁，有 1 条宽广的深腹沟。花期 4—6 月，果熟期 6—8 月。

产于湖北、四川、贵州、云南及西藏，分布于海拔 1000～2200 米处。

密花荚蒾 *Viburnum congestum* Rehd.

常绿灌木，高达 5 米；幼枝、芽、叶下面、叶柄和花序均被绒毛；叶革质，椭圆状卵形或椭圆形，基部圆形或狭窄，全缘，侧脉 3～4 对，近缘处互相网结；聚伞花序小而密，具总花梗，花冠白色，钟状漏斗形；果实圆形，核甚扁，有 2 条浅背沟和 3 条腹沟，两侧生腹沟常不明显。花期 1—9 月，果熟期 5—12 月。

产于甘肃、四川西南部、贵州东北部及云南西北部、北部和东南部，分布于海拔 1000～2800 米处。

聚花荚蒾 *Viburnum glomeratum* Maxim.

落叶灌木或小乔木，高达5米；当年小枝、芽、幼叶下面、叶柄及花序均被黄色簇状毛；叶纸质，卵状，基部圆或多少带斜微心形，边缘有齿，侧脉与其分枝均直达齿端。聚伞花序，具总花梗，花冠白色，辐状；果实红色，后变黑色；核椭圆形，扁，有2条浅背沟和3条浅腹沟。花期4—6月，果熟期7—9月。

产于陕西、甘肃、宁夏、河南、湖北、四川和云南，分布于海拔1100～3200米处。缅甸北部也有分布。

绣球荚蒾 *Viburnum macrocephalum* Fort.

落叶或半常绿灌木，高达 4 米；芽、幼技、叶柄及花序均密被灰白色或黄白色簇状短毛；叶纸质，卵形，基部圆或有时微心形，边缘有小齿，侧脉近缘前互相网结。聚伞花序，全部由大型不孕花组成，具总花梗，花冠白色，辐状，雌蕊不育。花期 4—5 月。

产于江苏、安徽、浙江、江西、湖北及湖南。庭园常有栽培。

壶花荚蒾 *Viburnum urceolatum* Sieb. et Zucc.

落叶灌木，高达 3 (4) 米；幼枝、冬芽、叶柄和花序均被簇状微毛；叶纸质，卵状披针形，长 7 ～ 18 厘米，基部楔形、圆形至微心形，边缘有细钝或不整齐锯齿，侧脉近缘前互相网结；聚伞花序生于具 1 ～ 2 对叶的短枝上，具总花梗，有棱，连同其分枝均带紫色，花冠外面紫红色，内面白色，筒状钟形；果实先红色后变黑色，核扁，有 2 条浅背沟和 3 条腹沟。花期 6—7 月，果熟期 10—11 月。

产于浙江、江西、福建、台湾、湖南、广东、广西、贵州和云南，分布于海拔 600 ～ 2600 米处。日本也有分布。

合轴荚蒾 *Viburnum sympodiale* Graebn.

落叶灌木或小乔木，高可达 10 米；幼枝、叶下面脉上、叶柄、花序及萼齿均被毛；叶纸质，基部圆形，很少浅心形，边缘有不规则齿状尖锯齿，侧脉上面稍凹陷，下面凸起；聚伞花序，周围有大型、白色的不孕花，无总花梗，芳香；花冠白色或带微红色，辐状；果实红色，后变紫黑色，核稍扁，有 1 条浅背沟和 1 条深腹沟。花期 4—5 月，果熟期 8—9 月。

产于陕西、甘肃、安徽、浙江、江西、福建、台湾、湖北、湖南、广东、广西、四川、贵州及云南，分布于海拔 800 ～ 2600 米处。

蝴蝶戏珠花 *Viburnum plicatum* f. *tomentosum*（Miq.）Rehder

叶较狭，宽卵形或矩圆状卵形，有时椭圆状倒卵形，两端有时渐尖，下面常带绿白色。花序外围有 4～6 朵白色、大型的不孕花，具长花梗，花冠直径达 4 厘米；中央为可孕花，萼筒长约 15 毫米，花冠辐状，黄白色，裂片宽卵形，长约等于花筒，雄蕊高出花冠，花药近圆形。果实先红色后变黑色；核扁，两端钝形，有 1 条上宽下窄的腹沟，背面中下部还有 1 条短的隆起之脊。花期 4—5 月，果熟期 8—9 月。

产于陕西、安徽、浙江、江西、福建、台湾、河南、湖北、湖南、广东、四川、贵州及云南，分布于海拔 240～1800 米处。

光萼荚蒾 *Viburnum formosanum* subsp. *leiogynum* Hsu

当年小枝和叶柄无毛或被簇状短柔毛，并夹杂简单长毛。叶长可达 11 厘米。花序被簇状短柔毛；总花梗通常长达 2.2 厘米或几无；萼筒无毛。果实扁圆形，顶端急尖，宿存花柱远高出萼齿；核扁，卵圆形，长 5 ～ 8 毫米，直径 4 ～ 6 毫米，背面微凸尖。花期 5 月，果熟期 8—10 月。

产于浙江南部、福建北部、广西及四川，分布于海拔 700 ～ 1100 米处。

长伞梗荚蒾 *Viburnum longiradiatum* Hsu et S. W. Fan

落叶灌木或小乔木，高达 2.5 米；叶纸质，顶端急窄而尾尖，边缘有波状齿，齿端突尖，常有缘毛，侧脉直达齿端，连同中脉上面略凹陷，下面明显凸起，托叶钻形；复伞形式聚伞花序，具总花梗，花冠白色或淡红色，辐状，雄蕊高出花冠；果实红色，核扁，有 2 条背沟和 3 条腹沟。花期 5—6 月，果熟期 7—9 月。

产于四川东部和西部及云南，分布于海拔 900 ~ 2300 米处。

第三节　以果的特征命名的荚蒾

光果荚蒾　*Viburnum leiocarpum* Hsu

灌木或小乔木，高可达 15 米；小枝稍呈四角状，有皮孔。叶厚纸质，长 10 ～ 25 厘米，全缘，上面有光泽，基部中脉两侧常有凹陷的圆形大腺斑，侧脉下面显著凸起；叶柄长 2.5 ～ 5 厘米。复伞形式聚伞花序，直径约 9 厘米，总花梗粗壮，花冠白色，雄蕊远高出花冠，花丝蕾时折叠。果实红色，核有 2 条背沟和 3 条腹沟。花期 6 月，果熟期 8 月。

产于海南和云南东南部，分布于海拔 1000 ～ 1600 米处。

黑果荚蒾　*Viburnum melanocarpum* Hsu

落叶灌木，高达 3.5 米；叶纸质，顶端常骤短渐尖，基部圆形、浅心形或宽楔形，边缘有小齿，上面有光泽，侧脉连同中脉上面凹陷，下面显著凸起；复伞形式聚伞花序，散生微细腺点，总花梗纤细，萼筒具红褐色微细腺点，花冠白色，辐状；果实由暗紫红色转为酱黑色，有光泽，核扁，腹面中央有 1 条纵向隆起的脊。花期 4—5 月，果熟期 9—10 月。

产于江苏、安徽、浙江、江西及河南，分布于海拔约 1000 米处。

珊瑚树　*Viburnum odoratissimum* Ker Gawl.

常绿灌木或小乔木，高达 12 米；冬芽有 1～2 对鳞片；叶革质，边缘上部有不规则浅波状锯齿或近全缘，上面深绿色有光泽，下面脉腋常有集聚簇状毛和趾蹼状小孔，侧脉近缘前互相网结，连同中脉下面凸起而显著。圆锥花序顶生或生于侧生短枝上，总花梗长可达 10 厘米，扁，有淡黄色小瘤状突起；花芳香，花冠白色，后变黄白色，有时微红，辐状，柱头头状；果实先红色后变黑色，核浑圆，有 1 条深腹沟。花期 3—4 月，果熟期 7—9 月。

产于福建、湖南、广东、海南和广西，分布于海拔 200～1300 米处。

蓝黑果荚蒾 *Viburnum atrocyaneum* C. B. Clarke

常绿灌木，高可达 3 米；叶革质，宽卵形至菱状椭圆形，顶端钝而有微凸尖，微凹入，基部宽楔形，两侧常稍不对称，边缘常疏生不规则小尖齿，稀全缘，上面深绿色有光泽，侧脉近缘前互相网结，上面凹陷，下面不明显。聚伞花序，具总花梗，花冠白色，辐状；果实成熟时蓝黑色，果核有 1 浅而窄的腹沟。花期 6 月，果熟期 9 月。

产于云南和西藏，分布于海拔 1900 ～ 3200 米处。印度北部、不丹、缅甸和泰国东北部也有分布。

种子含油约 24.7%，可供制肥皂用。

球核荚蒾 *Viburnum propinquum* Hemsl.

常绿灌木，高达 2 米，全体无毛；当年小枝红褐色，光亮，具凸起的小皮孔；幼叶带紫色，成长后革质，基部狭窄至近圆形，两侧稍不对称，边缘通常疏生浅锯齿，基部以上两侧各有 1 ～ 2 枚腺体，具离基 3 出脉，中脉和侧脉（有时连同小脉）上面凹陷，下面凸起；叶柄纤细。聚伞花序直径果时可达 7 厘米，总花梗纤细，花冠绿白色，辐状，雄蕊常稍高出花冠；果实蓝黑色，有光泽，核有 1 条极细的浅腹沟或无沟。花期 3—5 月，果熟期 8—9 月。

产于陕西、甘肃、浙江、江西、福建、台湾、湖北、湖南、广东、广西、四川、贵州及云南，分布于海拔 500 ～ 1300 米处。

狭叶球核荚蒾　*Viburnum propinquum* var. mairei W.W.Smith

叶较狭，条状披针形至倒披针形，长 3～8 厘米，宽 1～1.5 厘米，顶端锐尖或渐尖，基部楔形，边缘疏生小锐齿。花序较小，宽 2～4 厘米。果实直径 3～4 毫米。

产于湖北西南部、四川东南部和西南部、贵州西部及云南，分布于海拔 420～450 米处。

珍珠荚蒾　*Viburnum foetidum* var. *ceanothoides* (C.H.Wright) Hand.-Mazz.

植株直立或攀援状；枝披散，侧生小枝较短。叶较密，倒卵状椭圆形至倒卵形，长 2 ～ 5 厘米，顶端急尖或圆形，基部楔形，边缘中部以上具少数不规则、圆或钝的粗齿或缺刻，很少近全缘，下面常散生棕色腺点，脉腋集聚簇状毛，侧脉 2 ～ 3 对。总花梗长 1 ～ 2.5(8) 厘米。花期 4—6(10) 月，果熟期 9—12 月。

产于四川、贵州和云南，分布于海拔 900 ～ 2600 米处。

种子含油约 10%，可供制润滑油、油漆和肥皂。

第四节　以叶的特征命名的荚蒾

水红木　*Viburnum cylindricum* Buch.-Ham. ex D. Don

常绿灌木或小乔木，高达 10 米左右；枝带红色或灰褐色，散生小皮孔。叶革质，椭圆形至矩圆形或卵状矩圆形，全缘或中上部疏生少数钝或尖的不整齐浅齿，通常无毛。花通常生于第三级辐射枝上，花冠白色或有红晕，钟状，花药紫色。果实先红色后变蓝黑色，卵圆形；核有 1 条浅腹沟和 2 条浅背沟。花期 6—10 月，果熟期 10—12 月。

产于甘肃、湖北、湖南、广东及西南地区，分布于海拔 500～3000 米处。印度、尼泊尔、缅甸、泰国等地也有分布。

树皮、叶、花和根可药用。树皮和果实可提制栲胶。种子含油 35％，可供制肥皂。

厚绒荚蒾 *Viburnum inopinatum* Craib

常绿灌木或小乔木，高可达 10 米，小枝、叶柄和花序均被黄色绒毛。长
12 ～ 25 厘米，宽 5 ～ 10 厘米，全缘或有时顶端具少数齿，下面被厚绒毛，并
夹杂腺点，近基部中脉两侧有凹腺，侧脉和小脉下面明显凸起；叶柄长 2 ～ 5
厘米。复伞形式聚伞花序，直径 12 ～ 15 厘米，总花梗粗壮，花冠白色或乳白色，
雄蕊远高出花冠，花丝丝状，在芽中折叠。果实红色，多少被黄褐色叉状或簇
状毛；核扁，有 2 条背沟和 3 条腹沟。花期不定，果熟期 10—12 月。

产于广西和云南，分布于海拔 700 ～ 1500 米处。缅甸、泰国、老挝和越南
北部也有分布。

鳞斑荚蒾 *Viburnum punctatum* Buch. –Ham. ex D. Don

常绿灌木或小乔木，高可达 9 米，密被铁锈色；枝灰黄色，后变灰褐色；冬芽裸露；叶硬革质，全缘或有时上部具少数不整齐浅齿，边内卷，侧脉下面凸起，小脉不明显；叶柄粗壮，上面有深沟。复伞形式聚伞花序，总花梗无或极短；花冠白色，雄蕊约与花冠裂片近等长；果实先红色后转黑色，核扁，有 2 条背沟和 3 条浅腹沟。花期 4—5 月，果熟期 10 月。

产于我国西南部，分布于海拔 700～1700 米处。东南亚也有分布。

三叶荚蒾　*Viburnum ternatum* Rehd.

落叶灌木或小乔木，高可达 6 米；叶 3 枚轮生，全缘或有时顶端具少数大齿，基部中脉两侧常具圆形大腺斑，侧脉下面明显凸起。复伞形式聚伞花序松散，直径 12 ～ 18 厘米，无或几无总花梗；花冠白色，辐状；雄蕊远高出花冠，花丝在蕾中折叠，花药黄白色；果实红色，核扁，有 1 条腹沟和 2 条浅背沟。花期 6—7 月，果熟期 9 月。

　　产于湖北、湖南、四川、贵州及云南东北部，分布于海拔 650 ～ 1400 米处。

桦叶荚蒾 *Viburnum betulifolium* Batal.

落叶灌木或小乔木，高可达 7 米；小枝紫褐色或黑褐色，稍有棱角；叶厚纸质或略带革质，干后变黑色，基部宽楔形至圆形，稀截形，边缘具开展的不规则浅波状齿。复伞形式聚伞花序，顶生或生于具 1 对叶的侧生短枝上，萼筒有黄褐色腺点；花冠白色，辐状，雄蕊常高出花冠；果实红色，核扁，有 1 ～ 3 条浅腹沟和 2 条深背沟。花期 6—7 月，果熟期 9—10 月。

产于陕西、甘肃及西南地区，分布于海拔 1300 ～ 3100 米处。

茎皮纤维可制绳索及造纸。

披针叶荚蒾 *Viburnum lancifolium* Hsu

常绿灌木，高约 2 米；幼枝、叶下面、叶柄、花序和萼筒外面均有红褐色微细腺点；当年小枝四角状，被黄褐色簇状毛；叶皮纸质，长 9 ～ 27 厘米，顶端长渐尖，上面有光泽，侧脉 7 ～ 12 对，最下一对有时为 3 出脉状，连同中脉上面凹陷，下面凸起。复伞形式聚伞花序顶生，总花梗纤细；花冠白色，辐状；柱头头状，浅 3 裂。果实红色，圆形；核扁，常带方形，腹面凹陷，有 2 条浅沟，背面凸起而无沟。花期 5 月，果熟期 10   11 月。

产于浙江西南部、江西东部和南部及福建西北部，分布于海拔 200 ～ 500 米处。

小叶荚蒾　*Viburnum parvifolium* Hayata

灌木；小枝纤细，广开展，枝直立，有明亮的微小皮孔，无毛。叶厚纸质，矩圆形或圆形，长 1 ~ 3 厘米，顶端圆形或稍尖，基部宽楔形至圆形，除边缘基部外具少数不整齐疏齿，下面散生簇状毛和棕色腺点，侧脉 3(4) 对，直达齿端，基部一对作离基 3 出脉状，连同中脉上面凹陷，下面明显凸起。伞形式聚伞花序顶生，总花梗长 5 毫米，花不详；果实红色，果核基部微凹，有 1 条浅腹沟。果熟期 11 月。

特产于我国台湾中央山脉，分布于海拔 2700 ~ 3300 米处。

常绿荚蒾 *Viburnum sempervirens* K. Koch

常绿灌木；高可达 4 米；当年生小枝四角状；叶革质，干后上面变黑色，全缘或上部至近顶部具少数浅齿，上面有光泽，下面有微细褐色腺点，侧脉 3 ～ 4 对，最下一对伸长而多少呈离基 3 出脉状，上面深凹陷，下面明显凸起；叶柄带红紫色。复伞形式聚伞花序顶生，有红褐色腺点，总花梗短；花冠白色，辐状；果实红色，核扁圆形，腹面深凹陷，背面凸起，其形如杓。花期 5 月，果熟期 10—12 月。

产于江西南部、广东和广西南部，分布于海拔 100 ～ 1800 米处。

广叶荚蒾 *Viburnum amplifolium* Rehd.

落叶灌木，高达 3 米；幼枝、芽、叶柄及花序均被绒毛；叶纸质，卵形至椭圆状卵形，长 6～14 厘米，顶端渐尖，基部圆至楔形，边缘有牙齿状锯齿，侧脉部分直达齿端，下面凸起。伞形式聚伞花序，总花梗纤细；花冠白色，辐状；果实红色，核扁，有 1 条浅背沟和 2 条浅腹沟。花期 5—6 月，果熟期 11—12 月。

特产于云南东南部，分布于海拔 1000～2000 米处。

显脉荚蒾 *Viburnum nervosum* D. Don

落叶灌木或小乔木，高达 5 米，被毛；叶纸质，基部心形或圆形，边缘常有不整齐钝或圆的锯齿，叶柄粗壮。聚伞花序与叶同时开放，连同萼筒均有红褐色小腺体；花冠白色或带微红，辐状，外侧者常较大；果实先红色后变黑色，核扁，两缘内弯，有 1 条浅背沟和 1 条深腹沟。花期 4—6 月，果熟期 9—10 月。

产于湖南、广西、四川、云南及西藏，分布于海拔 1800 ~ 4500 米处。印度、尼泊尔、不丹、缅甸北部和越南北部也有分布。

横脉荚蒾　*Viburnum trabeculosum* C. Y. Wu ex Hsu

落叶乔木，高达 6 米，除花序外，全体近无毛；小枝有棱角；叶纸质，长 15 ～ 18.5 厘米，除边缘基部外具疏浅锯齿，有光泽，侧脉近缘前互相网结，连同中脉和叶柄均带紫红色，上面下陷，下面明显凸起，小脉横列；叶柄粗壮。圆锥花序尖塔形，结果时可达 10 厘米，宽几相等，密被灰黄色簇状短毛，总花梗长 4.5 ～ 6 厘米，花极多；果实紫红色，略扁，果核有 1 条深腹沟。花期 5 月，果熟期 9 月。

特产于云南南部（金平、绿春），分布于海拔 2000 ～ 2200 米处。

樟叶荚蒾　*Viburnum cinnamomifolium* Rehd.

常绿灌木或小乔木，高可达 6 米，全体近无毛；枝紫褐色，有多数明显的皮孔；幼叶紫色，成长后革质，顶端急渐尖，基部楔形至宽楔形，全缘或近顶部偶有少数锯齿，具离基 3 出脉，侧脉上面凹陷，下面凸起，叶柄粗壮。聚伞花序大而疏散，具总花梗，花冠淡黄绿色，辐状，裂片反曲，雄蕊高出花冠；果实蓝黑色，近圆形；核有 1 条狭细的浅腹沟或几无沟。花期 5 月，果熟期 6—7 月。

产于四川西南部至西部及云南东南部，分布于海拔 1000 ～ 1800 米处。

三脉叶荚蒾　*Viburnum triplinerve* Hand. –Mazz.

常绿灌木，高达 2 米，全体无毛；叶常密集于小枝顶，革质，长约为宽度的二倍，全缘，离基 3 出脉，脉延伸至叶全长的约 3/4 处，近缘前弯拱而互相网结，上面凹陷，下面常不明显。聚伞花序，果时可达 10 厘米，总花梗纤细；花冠辐状，裂片近圆形，长二倍于筒；果实近圆形，熟时紫褐色，果核有 1 条极细的浅腹沟。花期 6—8 月，果熟期 10—12 月。

特产于广西，分布于海拔 500 ～ 600 米处。

醉鱼草状荚蒾　*Viburnum buddleifolium* C. H. Wright

落叶灌木，高达 3 米；当年小枝、冬芽、叶下面、叶柄均被绒毛，二年生小枝灰褐色或褐色，渐变无毛，散生圆形小皮孔。叶纸质，基部微心形或圆形，边缘有波状小齿，老叶齿不明显，侧脉至齿端或部分在近缘处互相网结，连同中脉上面凹陷，下面凸起。聚伞花序，具总花梗，花冠白色，辐状钟形；果实红色，后变黑色，核有 2 条背沟和 3 条腹沟。花期 3—5 月，果熟期 8—10 月。

产于陕西西南部、甘肃南部和湖北西部，分布于海拔 700 ～ 1500 米处。

皱叶荚蒾　*Viburnum rhytidophyllum* Hemsl.

常绿灌木或小乔木，高达 4 米；幼枝、芽、叶下面、叶柄及花序均被厚绒毛；叶革质，卵状，基部圆形或微心形，全缘或有不明显小齿，上面深绿色有光泽，侧脉多于近缘处互相网结。聚伞花序稠密，总花梗粗壮；花冠白色，辐状；果实红色，后变黑色，核两端近截形，扁，有 2 条背沟和 3 条腹沟。花期 4—5 月，果熟期 9—10 月。

产于陕西南部、湖北西部、四川东部和东南部及贵州，分布于海拔 800 ～ 2400 米处。

茎皮纤维可制麻及制绳索。欧洲常栽培供观赏。

第五节 其他种类荚蒾

荚蒾 *Viburnum dilatatum* Thunb.

落叶灌木，高 1.5 ～ 3 米，被毛；叶纸质，基部圆形至钝形或微心形，有时楔形，边缘有牙齿状锯齿，齿端突尖，近基部两侧有少数腺体，侧脉直达齿端，上面凹陷，下面明显凸起。复伞形式聚伞花序稠密，花冠白色，辐状，雄蕊明显高出花冠；果实红色，核扁，有 3 条浅腹沟和 2 条浅背沟。花期 5—6 月，果熟期 9—11 月。

产于河北、陕西、江苏、安徽、浙江、江西、福建、台湾、河南、湖北、湖南、广东、广西、四川、贵州及云南，分布于海拔 100 ～ 1000 米处。日本和朝鲜也有分布。

茎皮纤维可制绳和人造棉。种子含油，可制肥皂和润滑油。果可食，亦可酿酒。

修枝荚蒾　*Viburnum burejaeticum* Regel et Herd.

落叶灌木，高达 5 米；当年小枝、冬芽、叶下面、叶柄及花序均被簇状短毛；叶纸质，基部钝或圆形，两侧常不等，边缘有牙齿状小锯齿，侧脉近缘前互相网结，连同中脉上面略凹陷，下面凸起。聚伞花序，具总花梗；花冠白色，辐状，裂片比筒部长近 2 倍；果实红色，后变黑色，核扁，有 2 条背沟和 3 条腹沟。花期 5—6 月，果熟期 8—9 月。

产于黑龙江、吉林和辽宁，分布于海拔 600 ～ 1350 米处。俄罗斯远东地区和朝鲜北部也有分布。

种子含油约 17%，可供制肥皂用。

直角荚蒾 *Viburnum foetidum* var. *rectangulatum* (Graebn.) Rehd.

植株直立或攀援状；枝披散，侧生小枝甚长而呈蜿蜒状，常与主枝呈直角或近直角开展。叶厚纸质至薄革质，卵形、菱状卵形、椭圆形至矩圆形或矩圆状披针形，长 3 ～ 6(10) 厘米，全缘或中部以上有少数不规则浅齿，下面偶有棕色小腺点，侧脉直达齿端或近缘前互相网结，基部一对较长而常作离基 3 出脉状。总花梗通常极短或几缺，很少长达 2 厘米；第一级辐射枝通常 5 条。花期 5—7 月，果熟期 10—12 月。

产于陕西、江西、台湾、湖北、湖南、广东、广西、四川、贵州、云南及西藏，分布于海拔 600 ～ 2400 米处。

鸡树条 *Viburnum opulus* subsp. *Calvescens* (Rehder) Sugim.

树皮质厚而多少呈木栓质。小枝、叶柄和总花梗均无毛。叶下面仅脉腋集聚簇状毛或有时脉上亦有少数长伏毛。花药紫红色。

产于黑龙江、吉林、辽宁、河北北部、山西、陕西南部、甘肃南部、河南西部、山东、安徽南部和西部、浙江西北部、江西（黄龙山）、湖北和四川，分布于海拔 1000 ～ 1650 米处。

烟管荚蒾　*Viburnum utile* Hemsl.

常绿灌木，高达 2 米；叶下面、叶柄和花序均被细绒毛；叶革质，卵圆形，顶端圆至稍钝，有时微凹，基部圆形，全缘，边稍内卷，上面深绿色有光泽，侧脉近缘前互相网结。聚伞花序，总花梗粗壮；花冠白色，花蕾时带淡红色，辐状；果实红色，后变黑色，核稍扁，有 2 条极浅背沟和 3 条腹沟。花期 3—4 月，果熟期 8 月。

产于陕西、湖北、湖南、四川及贵州，分布于海拔 500 ~ 1800 米处。

茎枝民间用来制作烟管。

茶荚蒾　*Viburnum setigerum* Hance

落叶灌木，高达 4 米；芽及叶干后变黑色；叶纸质，下面近基部两侧有少数腺体，侧脉伸至齿端，上面略凹陷，下面显著凸起。复伞形式聚伞花序，有极小红褐色腺点，具总花梗；花冠白色，芳香；果序弯垂，果实红色，核扁，腹面扁平或略凹陷。花期 4—5 月，果熟期 9—10 月。

产于江苏、安徽、浙江、江西、福建、台湾、广东、广西、湖南、贵州、云南、四川、湖北及陕西，分布于海拔 200 ~ 1700 米处。

第六章
荚蒾属植物
的应用赏析

　　荚蒾属植物树形优美，叶形、叶色、花色和果色多变，是集观叶、观花、观果于一体的植物，颇具观赏性。常见荚蒾属植物的应用赏析如下。

茶荚蒾应用

地中海荚蒾应用

短序荚蒾应用

蝴蝶戏珠花应用

金佛山荚蒾应用1

金佛山荚蒾应用2

欧洲荚蒾应用1

欧洲荚蒾应用 2

日本珊瑚树应用

三叶荚蒾应用 1

三叶荚蒾应用 2

伞房荚蒾应用

珊瑚树应用 1

珊瑚树应用 2

珊瑚树应用 3

绣球荚蒾应用 1

绣球荚蒾应用 2

绣球荚蒾应用3

雪球荚蒾应用

直角荚蒾应用

参考文献

[1] 中国科学院中国植物志编辑委员会. 中国植物志：第 72 卷 [M]. 北京：科学出版社，1988.

[2] 浙江植物志编辑委员会. 浙江植物志：第 6 卷 [M]. 杭州：浙江科学技术出版社，1993.

[3] 冯翔，姚安庆，王文凯. 中国荚蒾属植物研究进展 [J]. 现代农业科技，2016(13):172-173.

[4] 黄增艳. 上海地区荚蒾属植物引种及适应性研究 [D]. 上海：上海交通大学，2008.

[5] 张林. 荚蒾属部分植物种质资源汇集及利用研究 [D]. 泰安：山东农业大学，2007.

[6] 王恩伟. 6 种荚蒾的繁育特性与园林应用研究 [D]. 杭州：浙江林学院，2009.

[7] 王勇. 五种荚蒾属植物的扦插繁育与生态适应性研究 [D]. 长沙：中南林业科技大学，2016.

[8] 赵越. 5 种不同来源的欧荚蒾果实中有效成分的含量测定 [D]. 长春：吉林农业大学，2013.

[9] 朱向东，徐波. 荚蒾属植物化学成分及生物活性研究进展 [J]. 天然产物研究与开发，2008，20(5):939-943.

[10] 肖月娥，周翔宇，张宪权，等. 荚蒾属 (*Viburnum*) 种子休眠与萌发特性研究进展 [J]. 种子，2007(06):56-59.

[11] 李方文，蒋清. 荚蒾属植物的栽培技术和应用初探 [J]. 中国植物园，

2012(15):106-116.

[12] 王娜 . 荚蒾属植物在中国的引种调查与观赏性状评价 [D]. 昆明：中国科学院昆明植物研究所，2013.

[13] 甄雪花，胡蕙露，夏姚生 . 欧洲荚蒾组织培养技术研究 [J]. 安徽农学通报，2010, 16(09):57-59.

[14] 舒迎澜 . 中国古代的琼花 [J]. 自然科学史研究，1992, 11(04):346-352.

[15] 祁振声 . 为传统名花绣球和粉团正名 [J]. 河北林果研究，2011, 26(04):408-412.

[16] 许少飞 . 扬州园林 [M]. 苏州：苏州大学出版社，2001.

[17] 张秀春 . 绣球琼花本一家 [J]. 中国花卉盆景，2007(06):12-14.

[18] 橘保国 . 画本野山草 [M]. 杭州：浙江人民美术出版社，2015.

[19] 吴潍嘉 . 扬州琼花文化探析 [J]. 文学教育，2013(01):17-19.

[20] Villarreal-Quintanilla J Á，Estrade-Castillon A E. Taxonomic revision of the genus *Viburnum* (Adoxaceae) in Mexico[J]. Botanical Sciences，2014，92(04):493-517.

[21] Lópezj H V. Taxonomic revision of *Viburnum* (Adoxaceae) in Ecuador[D]. Saint Louis：University of Missouri，2003.

[22] 赵世伟，张佐双 . 园林植物景观设计与营造 [M]. 北京：中国城市出版社，2001.

[23] 陈炳华，陈前火，刘剑秋，等 . 吕宋荚蒾果红色素的提取、纯化及其性质分析 [J]. 福建师范大学学报 (自然科学版)，2004(04):85-89.

[24] 中国药材公司 . 中国中药资源志要 [M]. 北京：科学出版社，1994.

[25] 国家中医药管理局《中华本草》编委会 . 中华本草 [M]. 上海：上海科学技术出版社，2005.

[26] 黎戫，李晓东 . 南方荚蒾红色素提取工艺的研究 [J]. 中国资源综合利用，2002(05):20-21.

[27] 金飚，何小弟 . 扬州琼花及其在城市林业中的应用 [J]. 中国城市林业，

2004(06):56-59.

[28] 白长财，马志刚. 甘肃荚蒾属 (*Viburnum* L.) 观赏植物资源的调查研究 [J]. 园艺学报，2005(01):155-158.

[29] 李先源，余蓉，曹伟. 重庆荚蒾属园林植物种质资源及其应用 [J]. 西南园艺，2004(02):32-34.

[30] 祝之友. 荚蒾属药用植物资源调查及开发利用 [J]. 基层中药杂志，1999(01):24-25.

[31] 尉倩，王庆，刘安成，等. 荚蒾属植物种质资源及繁育技术研究进展 [J]. 陕西林业科技，2015(03):48-52.

[32] 吕文君，刘宏涛，夏伯顺，等. 荚蒾属植物资源及其园林应用 [J]. 世界林业研究，2019，32(03):36-41.